爆発する宇宙

戸谷友則　著

ブルーバックス

装幀／芦澤泰偉・児崎雅淑
本文・章扉デザイン／浅妻健司
カバー写真／Jag_cz/ゲッティーイメージズ

まえがき

「〝芸術は爆発だ〟」言わずと知れた、芸術家・岡本太郎の言葉である。同氏の著書『自分の中に毒を持て』では、この言葉に続いて「全身全霊が宇宙に向かって無条件にパーッとひらくこと。それが『爆発』だ。人生は本来、瞬間々々に、無償、無目的に爆発しつづけるべきだ。いのちの本当のあり方だ。」と書かれている。

天文学者としてこの言葉に接すると、何やら妙に腑《ふ》に落ちるような気がする。芸術どころか、そもそも「宇宙は爆発だ！」といいたくなるぐらい、宇宙にはさまざまな爆発が満ちあふれているからだ。ご存じのとおり、この宇宙そのものが「ビッグバン」という大爆発で始まり、今も膨張を続けている。その宇宙には無数の星々が輝いているが、そのなかには一定の割合で、超新星という巨大な爆発でその一生を終えるものがある。

面白いのは、こうした爆発が我々に無縁なものではけっしてなく、むしろ我々（生命）の誕生と存在にとって不可欠なものであることだ。ビッグバンがなければ生命も誕生し得ないのは自明だが、超新星爆発もまた、星の内部で生み出された酸素や炭素、鉄などの元素を宇宙空間にばらまくという重要な役割を持っている。宇宙空間という畑に、超新星がそうした「種」をばらまいてくれなければ、地球も、そして生命も、誕生することはなかったはずである。一方で、太陽系の近くで起きた超新星爆発が地球の生命体に重大な悪影響を与えてきた可能性もある。

宇宙がビッグバンで誕生し、時間という概念が生まれた。そして現在に至るまで、星も銀河も、そして生命も進化を続けている。宇宙を特徴付ける性質としてもっとも重要なものは、それが過去から未来に向かって永遠不変のものなのではなく、常に進化し続けるということかもしれない。そして、その進化を駆動するメカニズムのうち、もっとも重要な一つが「爆発」であるといえるかもしれない。

「爆発」を切り口に、宇宙で起きているさまざまなドラマをご紹介する、それが本書の目指すところである。ビッグバンという最初の大爆発から始まり、何十億年という歳月ののち、宇宙における爆発の代表選手ともいえる超新星爆発があちこちで起きるようになった。まずはその歴史と諸現象を概観する。

本書の後半では、「謎の爆発現象」に焦点をあてたい。ガンマ線バーストと呼ばれる爆発は、1970年頃にまったくの謎の天体現象として登場し、長年、天文学者を悩ませてきた。だが、この数十年間にわたる研究により、その全貌がようやく明らかになりつつある。それは、特殊な超新星がごく稀《まれ》に引き起こす、宇宙の最果てで起きている大爆発であった。通常の超新星爆発をはるかに上回るそのエネルギーは、「宇宙最大の爆発」と呼ばれるにふさわしい。そして最近、2017年には、重力波という人類が手にした新たな宇宙観測の手段により、連星中性子星の合体からもガンマ線バーストが発生していることが突き止められた。この、ガンマ線バーストの謎が解明されるまでの数十年の歴史は、人類の叡智《えいち》が自然の謎にどう挑み、どう解明したかという物語の一つの好例である。

そして、自然科学における謎というものは尽きることがない。ガンマ線バーストの謎があらかた片付いたかなと思っていたら、今度は電波で光る謎の天体現象「高速電波バースト」が発見され、今、世界中の天文学者を悩ませている。本書ではこれについてもご紹介し、最新の天文学の興奮を感じ取っていただければと考えている。そして最終章では、宇宙における爆発が、私たちの存在にどのように関わっているのかについて、思いをはせてみるつもりである。本書を通じて、宇宙における「爆発」の意味を、読者それぞれに感じ取っていただければ幸いである。

目次

第七章 超新星の爆発メカニズム 159

第一章 爆発とは何か

さまざまな爆発

東京大学では年に二回、「公開講座」と称して、文系から理系まで幅広い分野からの研究者が登壇し、一般向けの講演を行っている。といっても、それぞれの研究者がてんでんばらばらの話をするわけではない。毎回、「統一テーマ」というものが設定され、それをキーワードに講演することが求められる。この統一テーマをどう設定するかが、講演会の成否のカギである。ほぼすべての学問分野に共通して登場する一般的な概念でなければ講演者が困ってしまうが、あまりに普遍的すぎて当たり前のものでは面白みがない。この講演会は毎回、持ち回りで主催の学部が割り当てられ、統一テーマの選択も主催学部の仕事である。

さてあるとき、理学部にその主催のお鉢が回ってきた際、統一テーマについて相談する会議に出席していた私が提案したテーマこそ、「爆発」であった。私自身、超新星やガンマ線バーストといった星の爆発、あるいは爆発する宇宙としてのビッグバン宇宙論を専門としていたので、「爆発」という言葉には親しみがあった。一方で、この「爆発」という概念は文系理系の枠を超えて、さまざまな学問分野で登場しそうな概念だと思ったのである。この提案が好評を得て、実際に統一テーマとして採択され、２０１７（平成29）年6月に講演会が実現した。

そのプログラムを見てみよう。理学部からはやはり宇宙関係で、当時話題になっていた重力波天文学に絡《から》めて、超新星やガンマ線バーストなどの爆発を解説する講演である。工学部はまさに身近な爆発そのもので、ガス爆発の現象解析や防御技術の講演。火山噴火と災害についての講演は地震研究所から。医学分野からは、現在、コロナ禍で世界的な課題となっている「感染爆発」の話や、驚異的な勢いで増えるゲノムデータの「爆発」。情報科学からは、やはり最近話題の人工知能（ＡＩ）に関連したデータと計算量の「爆発」。

これだけでもうお腹いっぱいになりそうだが、これはまだ理系分野だけを選んだものである。文系分野を眺めてみれば、経済分野からは資産バブルの「爆発」。政治学からは、政治への不満の爆発としてのトランプ現象という講演がある。そして人文社会学からは、火薬の爆発、すなわち硝煙《しょうえん》のなかの中国史、といった具合である。文系理系を問わず、多岐にわたる学問分野においてさまざまな形の「爆発」という概念が登場していることがわかる。これだけ多様な分野の魅力的な講演を一度に聴けるのも、総合大学の存在意義の一つといってよいだろう。

本書は、宇宙における自然現象としての、「物理的な爆発現象」について解説するのが目的である。したがって、上記の講演会に出てきた、概念としての「爆発」の中には関係しそうにないものもある。だが、同じ「爆発」という言葉を当てていることを考えると、その本質的な部分では共通するところが意外と多いのかもしれない。本書で紹介する、宇宙におけるさまざまな爆発現象とその余波や影響を、そのような視点で見直してみるのもまた一興ではないだろうか。

余談ながら、私自身はこの「爆発」をテーマとする公開講座では講演しなかったが、別の機会で東大公開講座の講演を行ったことがある。その時の統一テーマは「悪」であった。私は理学部代表で講演会に出させられたのだが、この「悪」というテーマは、理学部には何とも困ったものであった。自然現象をあるがままに捉え、その本質や仕組みを解き明かすことを目指す理学、とくに天文学にとって、善悪も何もあったものではない。このテーマを選んだその時の主催学部は、言われてみれば「やはり」であるが、法学部であった。責任者であった当時の法学部長から、「いや〜、今回のテーマは理学部にはやりづらいでしょう、申し訳ないです」と苦笑されたことを覚えている。たしかに、理学部にとってはこのテーマこそ「最悪」であったというべきかもしれない。

悩んだあげく、私が選んだテーマは「宇宙の暗黒成分は善か悪か?」というものであった。現代宇宙論の最大の謎とされる暗黒物質と暗黒エネルギーについて、それぞれ人類にとって善か悪かを考えるという、我ながらなかなか奇抜なものとなった。結論としては、人類が誕生するためにはまず星や銀河が誕生しなければならないが、暗黒物質はそのための不可欠な重力源となるので「善」、一方の暗黒エネルギーは、それが大きすぎると宇宙が加速膨張して銀河ができなくなり、人類も存在できなくなるので「悪」というものである。このあたりについても、これから本書の中でより詳《くわ》しく触れていくことになろう。なお、このときの講演も含め、東大公開講座の多くの講演は東大TVに収録されており、YouTubeでも視聴可能なので、関心のある方は是非ご覧いただけたらと思う。

爆発とは何か

そもそも爆発の定義とは何か。筆者の知るかぎり、科学用語としての正確な「爆発」の定義は存在しない。だが、文系分野で比喩的に使われる場合はともかく、自然現象としての「爆発」とは、以下のようなものといえるだろう。すなわち、空間的に一箇所に閉じ込められたエネルギーが、ある時点で突然、何らかの理由によって解放され、その解放されたエネルギーが周囲に伝搬していく現象である。

我々は、1次元の時間と3次元の空間という、合計4次元の世界をステージとして存在している。ビッグバン宇宙論の基礎をなす相対性理論によれば、時間と空間は不可分なものであり、ある人にとっての時間・空間を、それと相対的に運動している別の人にとっての時間・空間に焼き直す場合は、時間と空間が複雑に混ざり合う。そこで物理学ではこれらをまとめて「時空」と呼ぶ。爆発とは、この時空の中において、空間的にある一箇所で起こるという「局所性」、そして時間的にあるとき突然起きるという「突発性」をそなえたエネルギーの解放現象ということができる。

そして「爆発」を特徴付ける性質としては、以下のようなものが挙げられるだろう。

(1) 爆発のエネルギー源は何か。
(2) エネルギーがどういうきっかけで解放されるのか。
(3) そのエネルギーはどのように周囲に伝搬していくのか。
(4) それによって周囲はどのような影響を受けるのか。

宇宙におけるさまざまな爆発現象について、これらの観点から見ていくことにしよう。

エネルギーを測る

爆発を特徴付けるもっとも重要な物理量、あるいはパラメータといえば、それはやはり爆発のエネルギーであろう。本書には、さまざまなスケールでの爆発が登場する。宇宙での現象だけに、身近な現象に比べればどれも途方もない大きさのエネルギーであるが、そのなかでも、例えば一つの超新星爆発とビッグバン宇宙全体では、これまた比べものにならない違いがある。そうした途方もないエネルギーの大きさを想像するのも一苦労であろう。そこでまず、身近なエネルギースケールから出発し、ビッグバンに至るまでのさまざまなスケールの現象を眺めてみることにしたい。

まずはそのために、エネルギーを測るためのものさし、つまり単位が必要だ。国際規格として推奨されるＳＩ単位系では、エネルギーの単位はジュール［J］である。ＳＩ単位系の基礎となるのは長さ（メートル［m］）、時間（秒［s］）、そして質量（キログラム［kg］）である。物理学を学ぶとまず最初のほうに出てくるのが、速度vで運動する質量mの物体の運動エネルギーは$mv^2/2$というものである。速度を秒速何メートル（単位［m/s］）で表せば、ＳＩ単位系では［J］というのは［$kg \cdot m^2/s^2$］と定義すればよいことがわかるだろう。つまり、秒速1メートルで運動する質量1キログラムの物体の運動エネルギーが０・５ジュール［J］というわけだ。時速１００キロメートルで走る質量1トン（１０００kg）の車の運動エネルギーはおよそ40万ジュール［J］となる。

現在、世界的にこのＳＩ単位系を使用することが推奨されており、学校教育や入学試験などでは必ずこのＳＩ単位系が用いられることになっている。だが、最先端の研究を行っている研究者同士の世界では、逆説的ながら、なかなか旧来の慣習から抜け出すことが難しい。天文学分野では、伝統的にｃｇｓ単位系が好まれており、そこでは長さがセンチメートル［㎝］、質量はグラム［g］で測られる。そしてエネルギーの単位はエルグ［erg］＝［$g \cdot cm^2/s^2$］となり、1エルグは1ジュールの1000万分の1ということになる。未《いま》だに世界の天文学の最新の論文では、erg、㎝、gのオンパレードであり、エネルギーをJで表記した論文にお目にかかることはまずない。それどころか、もしそんな論文を出したら「何じゃこいつ？」と思われかねない雰囲気である。東大大学院の天文学専攻に入学してきた学生たちには、最先端の天文学を学ぶ一方で、慣れ親しんだＳＩ単位系を捨て去り、前世紀の遺物のようなｃｇｓ単位系に慣れることを求められるという洗礼が待っている。一度学界で定着した慣習というものは、容易になくならないもののようである。

さて、エネルギーといえば運動エネルギーの他に、熱量が思い浮かぶであろう。この意味でのエネルギーの単位としてなじみ深いのがカロリー［cal］である。元の定義は、1グラムの水の温度を1度上げるために必要な熱量というものである。だが、熱量の本質はエネルギーなので、当然ながらジュールとも正確な関係がつき、1［cal］＝4・2［J］である。100グラムの水を摂氏ゼロ度から沸騰させるために必要なエネルギーは4万2000ジュールと計算できる。先ほど出てきた時速100キロメートルの車の運動エネルギーによって、およそ1キログラムの水をゼロ度から沸騰させることができることになる。なんとなく、時速100キロメートルの車のエネルギーのほうがずっと大きいような気もするが、人間の感覚とは当てにならぬものである。

ちなみに紛《まぎ》らわしいことに、栄養学の分野では「大カロリー」という単位が存在し、1［kcal］＝1000［cal］のことを、大文字を使って1［Cal］と表していたそうだ。それだけでも十分に紛らわしいが、なんと日本語にするとたんに「カロリー」と、同じ呼称で呼ばれていたようで、恐ろしい話である。大カロリーで表示された数値は1000分の1になるから、レストランのメニューに示されたカロリー値を見て、「なんだ、これなら1000回食べても大丈夫！」と勘違いした人がいたかどうかはわからないが、現在ではさすがにキロカロリー［kcal］を使用することになっているらしい。

エネルギースケールで俯瞰《ふかん》する爆発

それではいよいよ、さまざまな爆発現象のエネルギースケールを見ていくことにしよう（表1）。ただし、エネルギースケールを理解していただくため、「爆発」とはいいづらい現象も含まれている。まずは身近なところから、自然界におけるエネルギー解放現象として、例えば雷が挙げられるだろう。雷の典型的なエネルギーはおよそ100億Jである。時速100㎞の車でいえば約2万5000台分ということになる。

人間が作り出す爆発でもっとも巨大なものといえば、もちろん核爆発ということになる。核爆弾のエネルギーはTNT火薬換算で表示されることが多い。TNTとはトリニトロトルエンのことで、20世紀に入って通常火薬の中でも代表的なものとなった。1グラムのTNT火薬を爆発させるとおよそ1キロカロリーのエネルギーが発生するので、TNT換算では単純に1［g］＝1［kcal］と定義される。広島で使用された原子爆弾はTNT換算で15キロトン（1トン＝1000kg）なので、ジュールに換算すれば63兆ジュールということになる。水素爆弾は原子爆弾よりさらに巨大な爆発を引き起こし、1961年にソ連の核実験で使用された水爆が、人類が作り出した爆発としては史上最大である。この水爆はロシア語で「爆弾の帝王」を意味する「ツァーリ・ボンバ」と呼ばれている。その出力はTNT換算で50メガトン、つまり2×10^{17}［J］であり、広島型原爆の実に3300倍である。ちなみにこれは、東京都で1年間に使われる電力エネルギーとだいたい同じである。

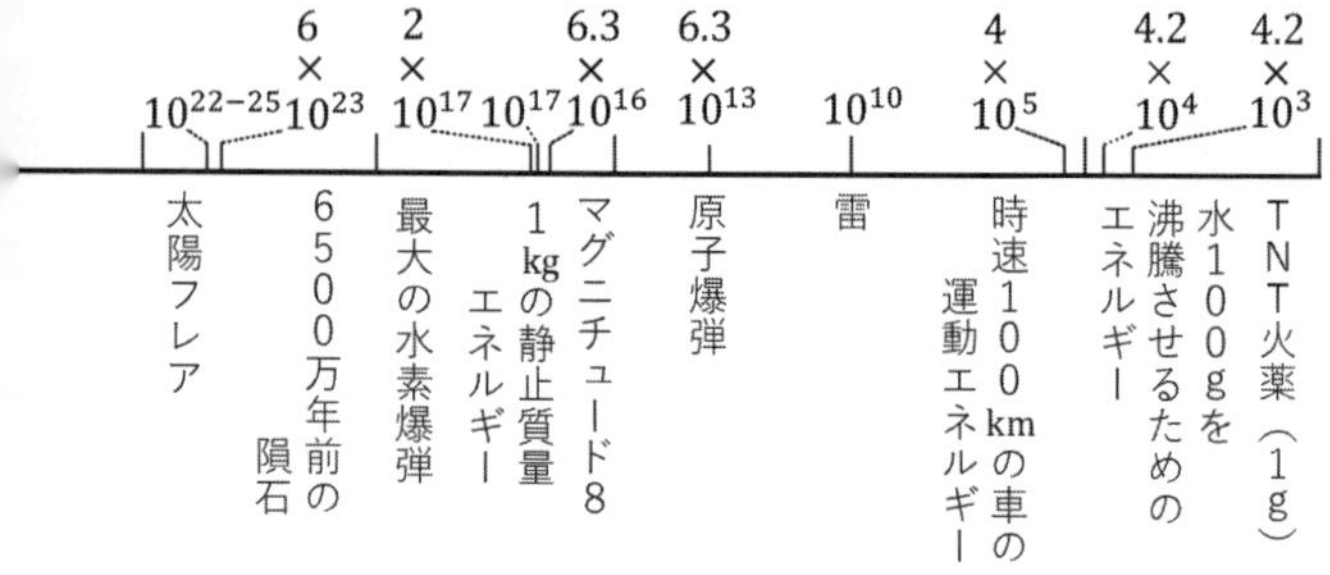

表1　爆発のエネルギースケール

あまり物騒な話が続いても気分がよくないので、再び自然現象に戻ろう。地球で発生する巨大なエネルギー解放現象といえば、思いつくのはまず地震であろう。地震のエネルギーはよくニュースに出てくるように、マグニチュードという単位で測られる。これは天文学で星の明るさを表すのに用いられる「等級」と同じく、エネルギーの対数になっている。つまり、マグニチュードや等級が1変化すると、エネルギーや星の明るさは何倍かに増えるというルールだ。ただし、マグニチュードと等級では対数の定義が異なり（数学的にいえば、対数の底の値が違う）、何倍に増えるかは両者で異なっている。マグニチュードが2だけ増えると地震のエネルギーが1000倍に増えることになっており、1だけ増えた場合は1000の平方根、つまり約32倍に増えることになる。天文学の等級はこれに対して、5等級増えると明るさは100分の1になる。比較的大きな地震となるマグニチュード8の地震のエネルギーは6・3×10^{16}［J］となり、人類が作り出した最大の水爆のエネルギーと近いことになる。あの東日本大震災を

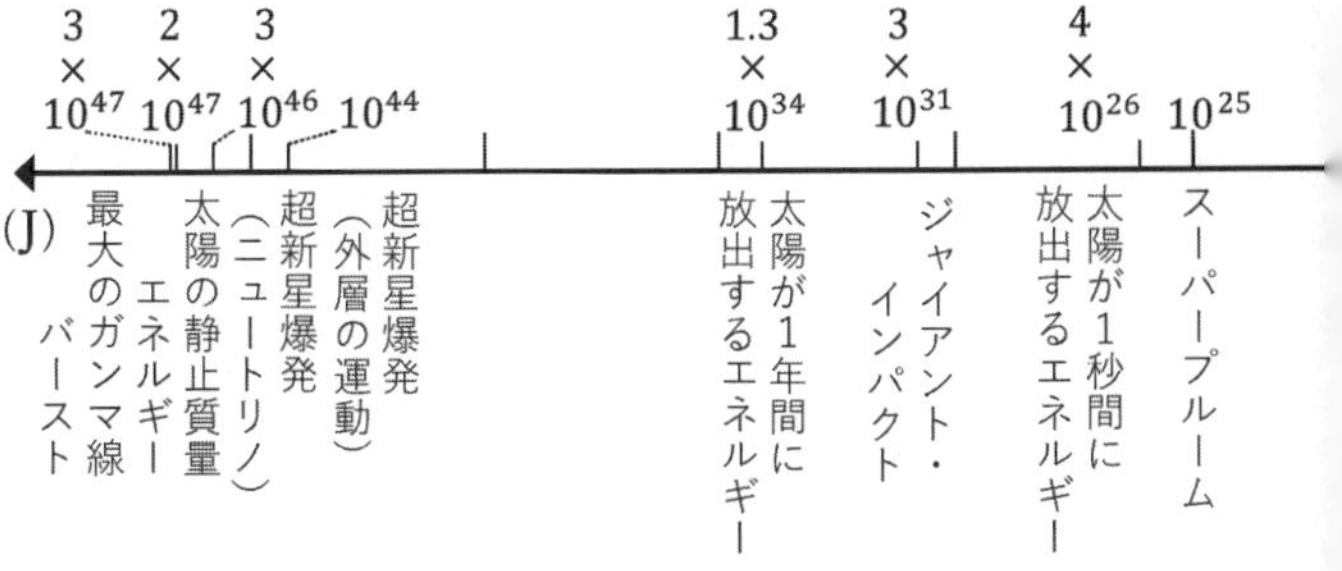

引き起こした東北地方太平洋沖地震のマグニチュードは9・0だから、人類最大の水爆のそのまた10倍のエネルギーが解放されたわけである。

地震のついでに火山の爆発エネルギーも見ておこう。1990年代前半に激しく活動した雲仙普賢岳の噴火エネルギーは、実は上記の水爆「ツァーリ・ボンバ」に匹敵する。ほぼ同じ時期、1991年にフィリピンのピナツボ火山で起きた大噴火は世界的な影響を与えたが、この噴火エネルギーはツァーリ・ボンバの100倍、東日本大震災の10倍といわれる。火山規模を示す火山爆発指数というものがあり、その最大（指数8）の爆発エネルギーはピナツボ火山のさらに約1000倍、10^{21}［J］ものエネルギーが放出される。火山爆発の最大エネルギーは最大の地震をも凌駕するといえる。

地球史上、生物の大量絶滅は何度か起きているが、その最大のものが2億5000万年前、ペルム紀末のもので、実に95%もの生物種が滅んだとされている。これを引き起こした原因として有力なのが、スーパープルームという地球内部からの大量のマグマの上昇・噴出で、その大量の溶岩の痕跡がシベリアに残されている。噴出量は火山爆発指数8の噴火の実に4000倍で、そのエネルギーはざっと10^{25}［J］という勘定になる。

地球の歴史上で起きた大きなエネルギー解放現象といえば、隕石衝突も忘れてはいけない。あの有名な、6500万年前に恐竜を絶滅させたとされる直径10㎞の隕石の総質量はおよそ3兆トンである。隕石が地表にぶつかる速度は、地球の重力圏を脱出するために必要な脱出速度（秒速11・2㎞）よりは大きいはずであり、太陽に対する地球の公転速度である秒速30㎞ぐらいにもなりうるだろう。恐竜絶滅の隕石の場合、秒速20㎞と見積もられていて、そこから運動エネルギー（$mv^2/2$）を計算すれば、衝突エネルギーは6×10^{23}［J］となる。これは指数8の噴火の600倍だが、ペルム紀末の超大規模噴火に比べれば10分の1ほどになる。隕石衝突と噴火の影響を単純に比較することはできないが、ペルム紀末の大量絶滅のほうが死滅率が高かったのもうなずける。

このような隕石が落下する頻度はざっと1億年に一度といわれている。隕石の落下頻度は小さな隕石ほど高く、1メートルほどの大きさの隕石は毎年、地球のどこかに落下している。この程度なら、空中で小規模な爆発を起こす程度で、地上にはほとんど被害がない。それでも解放されるエネルギーは6000億ジュール、雷のざっと100個分といったところである。人の一生のうちに一度落ちてくるかどうか、という規模の隕石は10メートルほどで、2013年にロシア・チェリャビンスク州に落下し、多くの負傷者を出したものがこれにあたる。そのエネルギーは600兆ジュールとなり、広島型原爆のざっと10倍になる。1000年という人類の文明史に匹敵する時間スケールで一度落ちるかどうか、となるとその大きさは100メートルになり、エネルギーは水爆のツァーリ・ボンバを超えるほどになる。またもやロシアで、1908年に起きたツングースカ大爆発の原因はこのような隕石だと考えられている。

宇宙からの落下ということでもう一つ例を挙げよう。アニメ「機動戦士ガンダム」の有名な冒頭のシーンでは、人類が宇宙に建設した人工都市「スペース・コロニー」が戦争において人為的に地球に落下させられ、オーストラリアの都市シドニーが消滅する。コロニーは直径6キロメートル、長さ30キロメートルの円筒型で、これが回転することで内部に遠心力による人工重力が発生し、コロニーの内壁に街が作られている。ちなみにこれはガンダムのオリジナルではなく、米国プリンストン大学の物理学者であったジェラルド・オニールが科学的考察に基づいて提案した由緒正しい（?）ものである。半径3キロメートルの円運動で生じる遠心力が地球上の重力と等しくなるための回転速度は単純な力学で決まり、155秒で一回転しているはずである。コロニー外壁の回転速度は時速140キロメートルになる。

さて、コロニーの総重量を見積もるのは容易ではないが、例えば、コロニーの外壁の厚さを100メートルとし、その厚さの壁の内部では体積の10%程度を鉄骨が占めているとしよう。鉄の密度（8［g/cm^3］）から計算すると、その鉄骨だけでざっと5000万トンになる。隕石に焼き直せば300メートルぐらいの大きさと考えられ、ツァーリ・ボンバ水爆の50倍ものエネルギーが解放されるだろう。ちなみに映画『機動戦士ガンダム・逆襲のシャア』では、巨大隕石基地アクシズを地球に落下させようとするネオ・ジオン軍と地球連邦軍の戦いが描かれるが、この隕石基地のサイズをざっと数キロメートルとすれば、その落下によるエネルギーはコロニー落としの1000倍ほどになる。地球の気候を大きく変えたと思われる恐竜絶滅の隕石に比べれば10分の1である。劇中のブライト・ノアの台詞《せりふ》「地球を完全に寒冷化するには、もうひとつぐらい隕石を落とさなければ無理だ」というのは、科学的にもまずまず妥当なところといえるだろう。

さて、地球史上で最大のエネルギーが解放された現象となると、それは月が形成されたときのジャイアント・インパクトであろう。46億年前、形成直後の地球に火星ほどの大きさの別の原始惑星が衝突し、その結果、月が生まれたという説が有力である。衝突速度を秒速10キロメートルとすれば、その衝突のエネルギーは3×10^{31}ジュールとなり、これまでに登場した最大のエネルギー、ペルム紀末の火山噴火活動のさらに数百万倍となる。さすがにこれは桁が外れているというところだろう。

しかし我々から見て桁外れではあっても、宇宙の視点で見れば、ごくごく小さな地球で起きている現象にすぎない。宇宙に出れば、さらに巨大なエネルギー解放現象がありふれているはずである。

第二章　宇宙は爆発に満ちている

地球外の天体現象のエネルギーを見る

さあそれでは、いよいよ地球を飛び出し、宇宙のさまざまなエネルギー解放現象を見ていくことにしよう。まずはいちばん身近な恒星である太陽を取り上げる。太陽の表面ではさまざまな現象が起きており、とくに太陽フレアと呼ばれる爆発現象がある。地球のほぼ100倍、約70万キロメートルという太陽半径のおよそ70%から表面までの領域は対流層と呼ばれ、中心部で発生した熱が対流によって外側に運ばれている。対流とは、暖かくなって密度が小さくなった部分が浮力によって上昇するもので、沸騰した鍋の中の味噌汁が自然にかき混ぜられているような状態である。太陽の主成分は高温の水素ガス（気体）であり、液体の味噌汁とはその点が異なるが、対流層のガスが複雑に運動し、それが運動エネルギーを持っていることには変わりはない。

そして太陽表面は強い磁気を帯びている。磁気の本質は空間のその場その場におけるベクトルの方向と強さであり、これを磁場と呼ぶ。理科の教科書で、棒磁石のN極からS極に向かう磁力線の絵をご覧になった方も多いだろう。磁場ベクトルの方向を線でつないでいったものが磁力線ということになる。

太陽内部のガスは高温のため、原子を構成する原子核と電子がバラバラになっている。このような状態をプラズマという。プラズマは電流を担う荷電粒子が自由に移動できるため、電気抵抗がほとんどない。その場合、磁力線はプラズマガスに完全に固定され、ガスとともに運動するという性質を持つ。磁力線の凍結と呼ばれる現象である。そのため太陽の表面では、ガスに凍結された磁力線が、細かな対流運動によって複雑にねじられる。その結果、磁気が増幅され、ガスの運動エネルギーが磁気エネルギーに転化する。

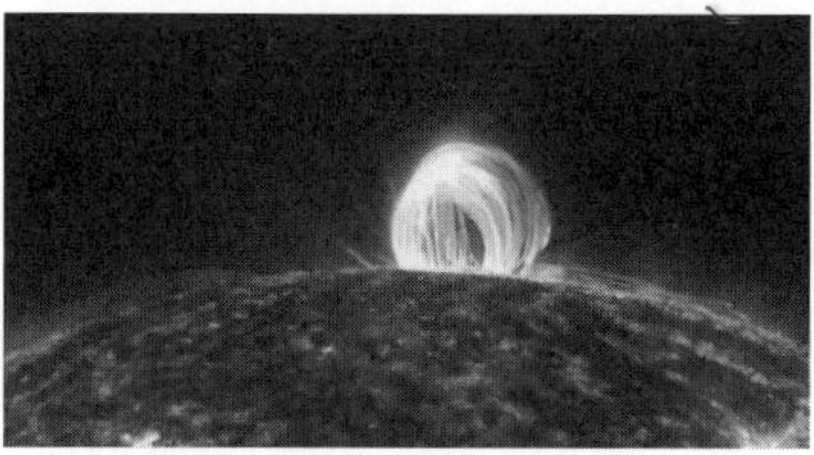

図2－1　太陽フレア（NASA）

あまりに複雑に、そして強くねじられた磁力線は、時にこらえきれずに線のつなぎ換えを起こすことがある。磁気リコネクションと呼ばれる現象で、局所的に強くなりすぎた磁気エネルギーを今度は熱エネルギーに転化するものである。これが、太陽表面で時々起こる太陽フレアのエネルギー源なのである。フレアが起こると、強力なX線やガンマ線などの電磁波が放射される。電磁波だけでなく、太陽表面のガスの一部も高速で噴き出され、太陽の重力を振り切って惑星間空間に放出される。そしてプラズマを構成していた、原子核や電子など、プラスやマイナスの電気を帯びた荷電粒子が、地球まで数日をかけて到達する。大きなフレアだと、そのために地球での電波通信などに障害が起きることがある。荷電粒子は磁力線に巻きついた状態で、磁力線に沿って運動する性質がある。太陽からの荷電粒子が地球の磁力線に沿って北極・南極域になだれ込み、地球大気と反応して発光するのがオーロラと呼ばれる現象である。

その太陽フレアで解放されるエネルギーは、大小さまざまなものがあるが、典型的にはざっと10^{22}から10^{25}［J］といったところである。恐竜を絶滅させた隕石のエネルギーに近いといえる。フレアの発生頻度は、地震に似て規模の大きなものほど低いが、恐竜絶滅の隕石ほどのフレアでは月に一度程度だ。地球では1億年に一度の事件が、太陽では毎月のように起きているといえる。

これだけを見ても、やはり太陽は巨大であるという印象を持たれるかもしれないが、実は太陽フレアというのは、太陽全体から見れば、ごくごく局所的でわずかなエネルギーを解放している現象にすぎない。太陽の大本のエネルギー源は中心部で起きている核融合反応であり、そのエネルギーはほぼすべて、最終的には我々の目に見える可視光線（光の波長で0・6マイクロメートル付近）として放射されている。その出力は4×10^{26}ワット、すなわち毎秒4×10^{26}ジュールのエネルギーが発生している。毎秒、恐竜絶滅の隕石1000個分のエネルギーを放出していると思えばよい。最大級の太陽フレアでも、1秒間に太陽が生み出す全エネルギーの数十分の一にすぎない。

さて、その太陽は約46億年前に生まれ、あと50億年ほどは輝き続けるはずである。つまり、太陽のような星の寿命が１００億年ということであるが、その一生の間に放出する全エネルギーを計算してみると、10^{44}ジュールとなる。月を生み出したジャイアント・インパクトのエネルギーの10兆倍という勘定になる。といっても、もはや実感はわかないであろうか？　むろん、筆者にも実感がわくわけではない。しかし天文学のような学問をやっていると、どうも10の何十乗ジュールとかいう数字だけを見て、それで満足してしまうフシがある。専門家の悪癖といえるかもしれない。残念ながら、これから見ていく宇宙でのエネルギースケールは、もはやそういうやり方でしか表現できないほどの数字、つまり文字どおり「天文学的」な数字にならざるをえない。覚悟していただきたい。

静止質量エネルギーで宇宙を見る

ここで、静止質量エネルギーというものについて説明しておこう。アインシュタインの相対性理論で導かれた $E=mc^2$ は、世界でもっとも有名な数式ともいわれている。この式により、質量 m の物体はたとえ静止していて運動エネルギーがゼロであっても、質量自体に起因するエネルギーEを持つとされる。ここでcは光速、すなわち秒速30万キロメートルである。これによれば、たった1キログラムの物体の静止質量エネルギーが約10^{17}ジュールということになり、これはマグニチュード8の地震のエネルギーにほぼ等しい。質量のあるすべての物質が持つという静止質量エネルギーが、いかに巨大なものかがおわかりいただけるかと思う。

この静止質量エネルギーという概念を用いると、太陽がその一生で放出するエネルギー、10^{44}ジュールをまったく別の観点から理解することが可能である。太陽のエネルギー源は、4つの水素原子核（陽子）のうち、2つの陽子が中性子に変わり、2つの陽子と2つの中性子が結合したヘリウム原子核に転化する核融合反応である。核融合という点は水素爆弾と変わらないが、水素爆弾で使われている水素は重水素（陽子に中性子が1つないし2つ結合したもの）であり、太陽内部の核融合に比べて点火しやすいが、エネルギー発生効率は劣る。

我々は日常生活でよく「燃焼」という言葉を用いる。燃焼とは化学反応、つまり物質の化学的な結合が変化し、その結果、エネルギーが生じることである。化学的結合とは、分子を作る原子核（プラス電荷）の間を電子（マイナス電荷）による電気的な力で結合することである。もう少しくだいていえば、原子核同士を電子という接着剤でくっつけるようなものだ。プラス電荷とマイナス電荷の間に働く電気の力により、粒子と粒子が結合し、その結果、バラバラでいるよりもエネルギー的に低い状態になる。このエネルギー差を結合エネルギーという。結合する反応はエネルギーを放出するが、逆に合体した粒子を分離するには外からのエネルギーが必要となる。例えば、水素と酸素の混合気体が燃焼して水分子に転化する反応でもエネルギーが放出される。

核融合反応もまた、燃焼と呼ばれる。ただ、我々に身近な化学的燃焼と異なるのは、原子核と電子の間の電気的結合ではなく、原子核の中の陽子と中性子の結合が変わることである。その結果、原子核自体が別の種類に変化する、すなわち、別の元素に変わる。昔の言葉でいえば錬金術である。その結合の源はもはや電気的な力ではなく、原子核力というまったく別の種類の力である。そのため、化学的燃焼と区別して核燃焼といったりもする。

燃焼によるエネルギー生成効率を、静止質量エネルギーの概念で理解すると実に見通しがよくなる。例えば、化学的結合の結合エネルギーは、電子による一つの接着点ごとに、桁だけをみる大まかな数字でいえば1電子ボルト〔eV〕程度である。この電子ボルトというエネルギー単位は、ミクロの原子の世界でよく使われるもので、$6 \cdot 3 \times 10^{18}$電子ボルトが1ジュールに対応する。一方、アボガドロ数というものを聞いたことがあるだろうか。1グラムの水素ガスの中に含まれる水素原子の数だと思えばよく、その数字は6×10^{23}である。ここで出てきた二つの数字はどちらも10の20乗程度である。つまり、我々が身近に観察する物質量（マクロな世界）とは、原子レベルのミクロな世界の粒子がざっと10の20乗個ほど集まったものだといえる。そしてエネルギー単位では、マクロな物質が持つエネルギーの典型的な単位がジュールであり、対応するミクロなエネルギーの単位が電子ボルトと定義され、用いられているわけだ。

この化学的結合のエネルギーを静止質量エネルギーと比較してみよう。物質を構成する原子核と電子を比較すると、電子はもっとも軽い水素原子核（陽子）の2000分の1の質量しかない。つまり、物質の静止質量エネルギーとしてはほとんど原子核のみを考えればよい。そして、原子核の構成粒子である陽子や中性子の質量は、エネルギーにしておよそ10億電子ボルト（1ギガ電子ボルト）。つまり物質の化学的結合エネルギーの大きさは、静止質量エネルギーに比べれば10億分の1でしかない。いいかえれば、化学的燃焼の熱発生効率は質量エネルギーの10億分の1、ということだ。我々の身の回りで、いくらものを燃やしても、その質量は変化したように見えないのはこのためである。本当は、燃焼で解放されたエネルギーの分だけ、燃えかすはわずかに軽くなっているのだ。

ところが、原子核の中で陽子や中性子が結合しているエネルギーは、桁でいえばざっと100万電子ボルト（1メガ電子ボルト）であり、これは陽子や中性子の静止質量エネルギーの1000分の1に相当する。つまり核燃焼の熱発生効率は質量エネルギーに対して1000分の1、あるいは化学的燃焼の実に100万倍ということになる。原子力エネルギーが通常の化学燃焼に比べて桁違いに強力であることの根源的な理由がこれである。

太陽のエネルギー源である水素の核融合では、陽子4つが1つのヘリウム原子核に変わる過程で発生するエネルギーは静止質量エネルギーの約０・７％に達する。太陽はその１００億年の一生で、自分の質量の約10％程度を核融合で燃やすといわれている。太陽の質量は２×10^{30}キログラム、地球の約30万倍である。この質量の10分の１に対応する静止質量エネルギーに燃焼効率０・７％をかければ、先ほど計算した、太陽が一生をかけて生み出すエネルギーである10^{44}［J］が出てくる。このように考えると、太陽の生み出すエネルギーについてもう少し深くわかったような気にはならないだろうか？

超新星、そしてガンマ線バースト

本書の主題、「宇宙における爆発」としてもっともよく知られたものが、超新星爆発であろう。超新星とは、ある星が突然、それが属している銀河に匹敵するほど明るくなり、１ヵ月ほど輝き続ける突発天体現象の総称である。典型的な銀河は太陽のような星をざっと１０００億個ほど含んでいるが、超新星がもっとも明るくなった時は太陽のざっと１００億倍の明るさに達することがある。その明るさで１ヵ月に放出される光エネルギーは10^{42}ジュールとなり、太陽が一生（１００億年）をかけて放出するエネルギーの１％をわずか１ヵ月で解き放ってしまう計算である。いかに明るい現象かがおわかりいただけるだろう。

だが実は、超新星から光で出てくるエネルギーは全体から見ればごくわずかなものにすぎない。爆発のエネルギー、つまり星を作っていた物質を周囲に吹き飛ばすその運動エネルギーは典型的に10^{44}ジュール、つまり光として出るエネルギーの１００倍であり、ちょうど太陽が一生をかけて生み出すエネルギーにほぼ等しくなる。

詳しくは後の章で述べるが、超新星の爆発機構には大きく分けて二つのタイプがある。一つは、太陽などの通常の星と同じく、核融合反応（ただし水素よりずっと重い、炭素や酸素などの原子核が燃える）で起きるもので、熱核融合型超新星とも呼ばれる。太陽との違いは、１００億年かけてじっくり燃やすか、一瞬で燃やして大爆発を起こすか、というものである。原子力発電所と原爆の違いといってもよいかもしれない。太陽でも熱核融合型超新星でも、だいたい太陽質量程度の物質が核燃焼するのだから、解放される総エネルギーがどちらも10^{44}ジュール程度となることはある意味当然である。

もう一つのタイプは重力崩壊型超新星と呼ばれるもので、太陽より8倍以上重い星が進化の最《さい》期《ご》に潰れて、そこで解放される重力エネルギーによって爆発するものである。こちらも、物質が吹き飛ぶ運動エネルギーとしては10^{44}ジュールと大して変わらない。だが驚くべきことに、この天体現象で解放されるエネルギー全体に比べれば、これすらも微々たるものにすぎない。このタイプの超新星で解放される全重力エネルギーはその３００倍、３×10^{46}ジュールにおよぶ。これは太陽の静止質量エネルギーの17%にもなり、原子核燃焼では原理的に生み出すことができないものである。だが重力エネルギーなら、静止質量エネルギーに匹敵するエネルギーを生み出すことができる。そしてそこには、中性子星やブラックホールという超高密度天体が絡んでくるが、これは後に詳しく述べよう。

ちなみに、この膨大なエネルギーのすべてが周囲の環境に影響を与えることはない。このエネルギーはほとんどすべて、ニュートリノという素粒子に転化して放出されるからである。ニュートリノは他の物質との相互作用が極めて弱い粒子で、太陽も地球も楽々と通り抜けてしまう。超新星爆発が周囲に与える影響としてのエネルギーはあくまで、物質が飛び散る爆発の運動エネルギー、すなわち10^{44}ジュールである。

図2−2　銀河NGC4526に出現した超新星1994D。左下に輝いている星（NASA）

この超新星爆発すら上回る、「宇宙最大の爆発」という異名まで持つ強烈な天体現象が、本書でも大きく扱うガンマ線バーストである。1960年代に発見され、長らく謎の天体とされてきた。だが今世紀に入って、ある種のガンマ線バーストは、非常に特殊な超新星が引き起こす極めて稀な現象であることが明らかになった。ガンマ線バーストにも二つのタイプがあり、もう一つのタイプはどうやら二つの中性子星の合体であるということも、この数年の間の重力波天文学の創生と発展によってわかってきている。

ガンマ線バーストとは、文字どおり、X線よりさらにエネルギーの高い電磁波であるガンマ線が短時間（典型的には数十秒）で放射される現象である。これまでに記録された最大のガンマ線バーストでは、なんとガンマ線だけで太陽の静止質量エネルギーの1・6倍ものエネルギーを出したことがわかっている。太陽1個分の物質をまるごとエネルギーに転化してもまだ足りないというのだ。重力崩壊型超新星では、重力エネルギーのほとんどがニュートリノという形で逃げ去ってしまうことを考えれば、ガンマ線だけでこのエネルギーを生み出すというのは途方もないことなのである。ガンマ線バーストが「宇宙最大の爆発」と呼ばれる所以《ゆえん》である。ただしこの見積もりは、ガンマ線がどの方向にも同じように放射されたことを仮定している。実はこれがミソなのだが、これについてはまた後で説明することにしよう。

銀河のエネルギースケール

星の爆発とともに、本書で扱うもう一つの爆発が、ビッグバンすなわち宇宙そのものの爆発である。そのエネルギースケールを考える前に、両者のスケールの中間に位置する銀河についても軽く見ておこう。

我々が住む銀河系は、ごくありふれた銀河の一つであり、典型的な銀河はざっと100億から1000億個程度の星からなるシステムである。このシステム全体のエネルギーというものを、どう定義したらいいだろうか？　例えばこんな計算が可能である。ご存じのとおり、我々の銀河系は渦巻《うずま》き銀河と呼ばれるタイプである。中心にあるバルジと呼ばれる球状の星の集まりの周りに円盤状に星が分布していて、円盤には渦巻き模様が見られる。渦巻きの成因はもちろん円盤の回転運動であり、その回転速度はざっと秒速220キロメートル。星の数、太陽の質量、そしてこの速度から回転の運動エネルギーを計算すると、およそ10^{52}ジュールとなる。太陽が一生かかって放出するエネルギーの1億倍ほどである。

そもそも、なぜ銀河円盤は回転しているのだろうか？　それは本質的には、銀河は重力によって束縛されたシステムだからである。万物に働く引力である重力によって、密度が高くなっている領域にはますます重力でものが集まってくるという性質がある。やがて重力が強くなり、ある範囲の物質が重力で中心へ向かって落ち込んでしまう。銀河はそうしてできたと考えられている。だが、すべての物質が完全に一点に落ち込んでしまうわけではない。ものが重力で落ちてくると、重力エネルギーが運動エネルギーに転化する。当初、ごくわずかであった回転運動が増幅され、きれいな円盤状の回転運動になる。これは、水を張った洗面台で栓を抜いた後に排水口に生じる渦と本質的に変わらない。そして回転による遠心力が重力に釣り合うことで、それ以上の収縮が止まるのである。すなわち、銀河の回転運動のエネルギー源は重力ということになる。

ところで、暗黒物質という言葉を聞いたことがある読者も多いことだろう。銀河には光っている星の総質量のざっと10倍にもなる暗黒物質が含まれていて、星からなる円盤のサイズの10倍ほどに拡がっている。ただしその形状は、銀河円盤のような平たい円盤ではなく、ほぼ球状である。これをハローと呼んでいるが、ハロー中の暗黒物質もまた、銀河円盤の回転速度と同じぐらいの速度で運動している。それは回転運動ではなく、一つ一つの暗黒物質粒子がランダムな方向に運動している。これを考慮すると、銀河が持つ運動エネルギーの総量は暗黒物質のためにもう一桁ほど上がることになる。

銀河よりさらに大きな天体は存在するのだろうか。宇宙そのものを除いて、宇宙に存在する天体の中で最大のものは銀河団である。銀河がざっと一千個も集まり、それが巨大な重力で束縛されているシステムである。宇宙史において天体が形成されるとき、小さなスケールの天体から先に形成され、それらが重力に引かれて合体を繰り返しながら、銀河、そして銀河団へとより大きな構造ができてきたことがわかっている。そして今現在の宇宙で、まさにできつつある最大の天体が銀河団ということになる。その総質量はやはり暗黒物質が主で、太陽の１０００兆倍にもなる。その中の暗黒物質粒子や銀河は秒速１０００キロメートルという速度でランダムに運動している。この運動エネルギーもやはり、銀河団が形成されたときに巨大な重力エネルギーが転化したものである。そこから算出すると、銀河団に内包されるエネルギーは10^{57}ジュールとなり、一つの銀河のさらに1万倍となる。

ビッグバン宇宙のエネルギー？

さあ、エネルギーで宇宙を俯瞰する旅もついにその終着点、宇宙全体を考えるところまできた。ご存じのとおり、宇宙は１３８億年前にビッグバンで誕生して以来、膨張を続けている。その膨張は空間全体が一様に膨張するもので、その結果、ある観測者から見ると遠くにある天体ほど速く遠ざかる。宇宙は見渡すかぎり、どの方向にも一様な密度で拡がっていて、宇宙には特別な点や中心はない。

この宇宙が果たしていったいどこまで拡がっているのか、というのは難しい問題で、実はよくわからない。宇宙には光より速いものは存在しないので、現在、我々が見ることができるもっとも遠くの地点は、宇宙年齢に対応する138億年前にそこを光が出発し、今、我々に届くような場所である。光が通ってきた距離は138億光年となるが、光が昔に通った経路は、その後の宇宙膨張で引き伸ばされている。その経路を現在の宇宙の大きさで測れば少し長くなり、464億光年である。この、我々が見通せる限界の距離を「宇宙の地平線」と呼んでいる。地平線より向こうの地面は見えないことになぞらえたのである。

現在までの天文学の知識から我々が自信を持っていえるのは、少なくともこの464億光年先までは一様、つまり同じような宇宙が拡がっているということだけである。さらに理論的考察を加えれば、464億光年よりもはるかに、圧倒的に大きなスケールで……そう、それこそ「464億光年の10の何十乗倍」という大きなスケールで……そのように拡がっているだろうということも、かなりの自信を持っていえる。その先は、だが、今のところ誰にもわからない。このあたりの事情は拙著『宇宙の「果て」になにがあるのか』（講談社ブルーバックス）により詳しく書いたので、関心のある読者はご一読いただければと思う。

そこで、我々を中心とした半径464億光年に含まれる宇宙を「観測可能な宇宙」として、とりあえずの宇宙の大きさとすることが多い。では、その中に含まれるエネルギーはいったいどれくらいになるのだろうか？　典型的な銀河は、一辺が1000万光年の立方体の中に一つほど見つかるから、半径464億光年の体積中にはざっと1000億個ほど存在していることになる。だが、宇宙全体で見てもやはり、光っている物質は暗黒物質に比べてわずかなものである。暗黒物質も含めた物質密度は近年の精密な観測によりよくわかっていて、それからはじき出される半径464億光年内の宇宙の総物質質量は、太陽の10^{24}倍となる。

ところでこの半径464億光年というのは、宇宙が始まってから現在までに光の速度で飛んでいった場合に到達する距離であった。ということは、一点から始まった宇宙の膨張速度も、我々と地平線の間ではほぼ光速でなければならないことになる。つまり、「遠くにある天体ほど速く遠ざかる」という宇宙膨張の法則において、地平線では遠ざかる速度がちょうど光速ぐらいになる。したがって、この半径内にある物質は、大雑把にいえば、相対的にほぼ光速に近い速度で飛び散っていることになる。速度が光速に近いということは、運動エネルギーを計算しても、静止質量エネルギーを計算しても、どちらもだいたいmc^2程度になるということだ。地平線内の総物質質量に対しこのエネルギーを計算してみると、だいたい10^{71}ジュールという数字が出てくる。

これが、人類に想像できる最大の大きさのエネルギーといってもよいだろう。ここまでくると、我々のように宇宙を専門としている人間にとっても、正直、実感がわかない。超新星爆発の運動エネルギーが10^{44}ジュールなので、ゼロの数が44の超新星にさらに27個加わった数字だから、そりゃまあでかいよなあ、というぐらいであろうか……アボガドロ数が6×10^{23}だから、10^{27}

というのは、おおよそ1kgの物質中に含まれる原子の数といってもよい。宇宙全体を1kgの物質にたとえるなら、超新星爆発の持つエネルギーはその原子1個分にすぎないということになる。

以上、導入として身近なところから宇宙そのものまで、さまざまな爆発をそのエネルギースケールで俯瞰してみた。次章からは宇宙における爆発現象をそれぞれ詳しく見ていくことにしよう。

第二章 爆発としてのビッグバン宇宙

宇宙の膨張とはどのようなものか

宇宙はまさに今、膨張している。今やほぼすべての人にとって常識となっているこの事実は、ビッグバン宇宙論、つまり宇宙がかつて爆発で始まったという考えのもっとも強力な証拠の一つである。まずはこの「宇宙膨張」について基礎的なところを押さえておこう。

この宇宙膨張というのは、見渡すかぎり同じ密度でどこまでも拡がる宇宙空間が、どこも同じように全体として一様に膨張するというものである。ゴム紐にいくつかの印をつけ、そのゴム紐を両手で引き伸ばすと、ゴム紐全体が一様に伸びる。その結果、ある二つの印に着目すれば、その間の距離が拡がってゆくことになる。片方の印から見て、もう片方の印が遠ざかる速度は、二つの間の距離が長いほど速くなることも想像できるだろう。これは紐という1次元の世界の例だが、2次元では面となる。よく引き合いに出される例は、風船の表面に印をつけて膨らませるというものだ。風船の表面は球面であり、そこに特別な点はない。ある印から見ると、他のすべての印は自分から遠ざかっていく。宇宙の膨張は、この3次元版である。

図3－1　ハッブル（左）とルメートル（右）

このように宇宙が膨張しているとわかるのは、我々が住む銀河系とは別のすべての銀河が我々から遠ざかっていて、しかも遠くの銀河ほど速く遠ざかることが、実際に観測されているからだ。銀河が遠ざかっていることは、ドップラー効果によって銀河から放たれた光の波長が伸び、色が赤くなることでわかる。この、距離と遠ざかる速度（後退速度という）の比例関係は発見者の名前をとって、「ハッブル・ルメートルの法則」と呼ばれている。

実はついこの前まで、この法則はたんに「ハッブルの法則」と呼ばれていた。それが変わったのは２０１８年、国際天文学連合（ＩＡＵ）において議論され、最終的に名称変更が決議されたことによる。ハッブルはアメリカの天文学者で、１９２０年代に精力的に銀河系の外にある銀河を観測し、それらまでの距離を測定していた。そして１９２９年、距離と後退速度の間に比例関係を見つけた。この比例定数が、ハッブル定数である。そしてハッブルは宇宙の膨張という、人類科学史上最大級の発見の立て役者として、当時から現在に至るまで称賛されることになる。その他にも、銀河を渦巻き型や楕円型に分ける分類法はハッブル分類と呼ばれるなど数多くの功績があり、もちろん、ハッブル宇宙望遠鏡の名前も彼にちなむことはいうまでもない。

一方のルメートルはベルギー出身で、天文学者でありながらカトリック教会の司祭でもあったという異色の人物である。ちなみに、宗教関係者が天文学や宇宙の研究を行っているというのは実はさほど珍しいことではないらしく、現在でも私の知る日本の天文学者のなかで、実はお寺のお坊さんでもあるという人を少なくとも三例知っている。

さてこのルメートルは、ハッブルによる宇宙膨張の発見の報告に先立つこと2年、1927年に銀河の距離と後退速度の相関を見出し、しかもこれが宇宙の膨張のためであるという解釈にたどり着いていた。宇宙が膨張するという概念は、実は観測よりも先に理論から出てきたものである。1915年にアインシュタインが一般相対性理論を確立してほどない1922年、旧ソ連の物理学者アレクサンドル・フリードマンが一般相対論に基づいて、膨張宇宙の数学的モデルを導いていた。ただし当のアインシュタインも含め、宇宙が膨張するという突拍子もない考えは当時なかなか受け入れられず、広く認められるには1929年のハッブルの観測結果を待たねばならなかった。

しかしルメートルは、1927年の論文でフリードマンとは独立に膨張宇宙の理論モデルを考察しただけでなく、当時の観測データとも比較して、銀河の距離と後退速度の比例関係が自らの膨張宇宙モデルと整合的であることを見出していたのである。それどころか、ハッブル定数の値すら算出していた。ただしルメートルは理論の研究者であり、用いたデータはハッブルが測定した銀河までの距離と、スライファーという米国の天文学者が測定した銀河の後退速度であった。一方のハッブルは観測天文学者であり、距離に関しては自らが測定したデータである一方、宇宙膨張を理論的に深く考察したわけではなかった。ちなみに1929年のハッブルによる論文でも、後退速度については同じくスライファーのデータが使われている。

こう考えると、時期が早いこと、そして理論と観測の両面から宇宙膨張にたどり着いたという意味で、宇宙膨張の発見者としてルメートルの名前がつかないのは明らかにおかしいというべきであろう。ちなみに、後退速度の測定をしたスライファーにも権利があるのではないかという意見もあるが、宇宙膨張という概念を示したわけではないので、やはりハッブルとルメートルに比べると弱いといわざるをえない。

では、ルメートルの名が宇宙膨張の発見で残らなかった理由は何なのだろうか。一つにはルメートルの論文がフランス語で書かれ、あまり有名でない雑誌に掲載されたからとされる。さらにはルメートルの謙虚すぎる態度にも一因がある。ルメートルの論文は1931年に英訳が出版された。当然、ルメートルの貢献が正当に評価されるための大きなチャンスであった。だが、ルメートル自身が「すでにハッブルによって発見の報告がなされている」ということで、オリジナルのフランス語論文にあったハッブル定数の計算に関する部分を削除してしまったというのだ。たんに謙虚な性格というだけでなく、自身がカトリック司祭であるため、科学の世界に宗教が介入するように受け取られるのを避けたのだともいわれるが、本当のところはどうだったのだろうか。

ともかくこのような事情で、国際天文学連合は2018年夏、ウィーンで開かれた総会でこの問題を議論した。そして、ハッブルの法則を「ハッブル・ルメートルの法則」と変更することについて、国際天文学連合の全会員による電子投票が行われたのが2018年の10月であった。この国際天文学連合の会員になるための資格は、天文学で博士号を取得してから数年の研究歴を持ち、学術誌に数本の論文を出版していることが求められる。全世界でおよそ一万人の会員の約4割が投票を行い、賛成78%、反対20%、棄権2%という結果となり、晴れて新名称「ハッブル・ルメートルの法則」が承認された。

私も国際天文学連合の会員であるので、電子投票の案内メールは受け取った。だが、とりわけ強く意思表示したいというほどでもなかったので、結局投票はしなかった。新名称が承認されたという結果についてはよかったと思っている。ただ、一つだけ厄介なことがあった。新名称承認の数日後、私はいつものように東大天文学科の「宇宙論」の講義を行っていた。ちょうど、宇宙膨張の説明をするところであったから早速、新名称を紹介し、それを使ってみたのだが……そう、講義中に何度もこの法則名を口にする立場になると、長ったらしいことこの上ないのである！　舌を嚙みそうになりながら、やっぱり反対票を投じたほうがよかったか……という考えが講義中に頭をよぎったものだ。

ちなみに国際天文学連合は他にもさまざまなことを決めていて、ハッブルの法則の改称問題以上に社会的注目を集めたこともある。あの、冥王星の惑星資格剝奪事件である。国際天文学連合の総会は三年に一度開かれていて、これが議論されたのは２００６年、チェコのプラハでの総会であった。ハッブル・ルメートルの法則とは異なり、こちらはまさに侃々諤々《かんかんがくがく》の議論が行われた。この総会には私も出席していたので、白熱した議論を現地で眺めることができた。日本でも大きく報道され、私の帰国時、関西国際空港での税関通過の際にこんなことがあった。若い女性検査官に渡航目的を聞かれ、「天文学者でプラハの会議に出ていました」と答えたら、その検査官は目を見開いて、「あの、冥王星について議論している会議ですか！」ときた。とても関心をお持ちだったようで、いくつか質問もされた。やがて、自分の職務から逸脱していることに気づいた彼女は顔を赤らめ、「失礼いたしました。どうぞ、お通りください！」。私としてはもう少し話していてもよかったのだが……。

宇宙はどこまで拡がっているか

ハッブル・ルメートルの法則でわかる宇宙の膨張は、どこまで遠くの宇宙にまで拡がっているのだろうか。ハッブルらの時代の観測で用いられた銀河は、銀河系の周辺にある、ごく近所の銀河たちであった。それ以来、観測技術のめざましい発展により、銀河の距離と後退速度の関係は、それよりはるか遠方でも成り立つことがわかっている。

この宇宙の基本的な観測事実として、空のどの方向を見ても、銀河系の外には似たような宇宙が拡がっているというものがある。光速が有限のため、宇宙では遠くを見ることは過去を見ることである。したがって、遠方の銀河ほど過去の銀河であり、過去にさかのぼるほど、タイムマシンのように銀河の進化を逆にたどることになって、現在の銀河とは性質の異なる銀河が見えてくる。一般的には、形成途上の小さい銀河や、形の不規則な銀河が増える。また、宇宙の膨張速度も宇宙史の中で一定ではない。そのため、ハッブル・ルメートルの法則も、距離と後退速度の関係が単純な比例関係からずれていく。逆にそれを用いて、宇宙の膨張史を知ることができる。

有名な、宇宙の現在の年齢が138億年というのは、この膨張史や、その他のさまざまな観測、そして後述する理論的な物理法則を組み合わせてはじき出されたものである。宇宙誕生後1億年ぐらいから最初の星や銀河ができるといわれている。そして、すばる望遠鏡やハッブル宇宙望遠鏡など最先端の大望遠鏡の活躍で、宇宙誕生後、わずか数億年頃の原始銀河が実際に捉えられている。つまり、宇宙誕生後数億年から１３８億年まで、宇宙史のほぼすべてにわたる期間での銀河の形成と進化が、人類によってすでに直接観測されているのである。

だが、人類が直接観測している最古の宇宙時代となると、実はこれを遥かにさかのぼる。それは宇宙誕生後38万年という時代である。宇宙が超高温の火の玉で誕生した時に満ちていた光（電磁波）のなれの果てが、今も宇宙を満たしている。宇宙マイクロ波背景放射と呼ばれる電波である。背景放射とは、日中の空が青く光っているように、空全体がぼうっと光っているものをいう。世の中の物質は膨張すると冷却するという性質があり、宇宙そのものもまた例外ではない。かつての超高温は、現在では絶対温度で2・7ケルビン［K］という超低温になっている。そして物質はその温度に対応した波長の電磁波を放つ。表面温度６０００Ｋの太陽は我々の目に感じる可視光線を放つが、２・７Ｋという超低温の物質が放つ電磁波はずっと波長が長く、無線や携帯電話で使われる電波の一種であるマイクロ波になる。

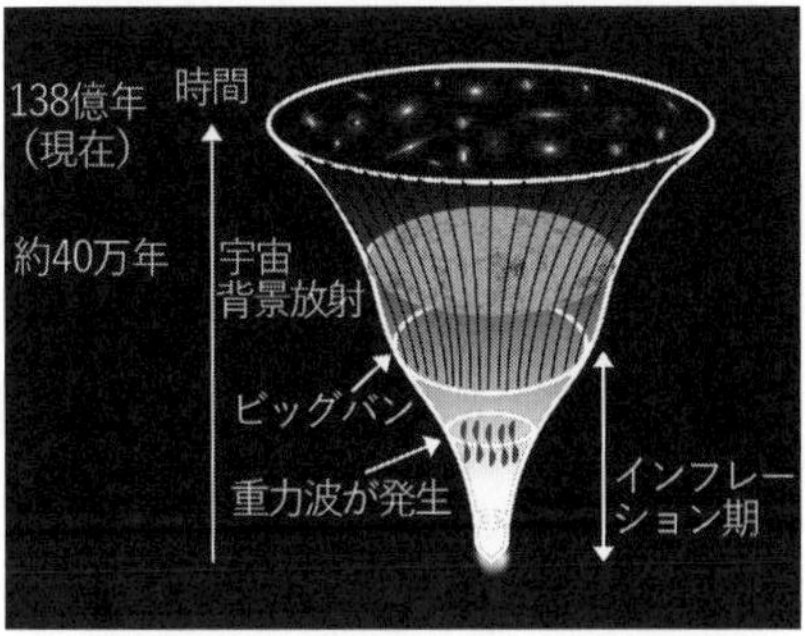

図３－２　インフレーションと宇宙膨張

宇宙誕生後38万年というのは、宇宙の温度が3000Kほどに下がって、それまでバラバラだった水素原子核と電子が結合して水素原子となった時期である。それより前は、光は電子によって散乱されてまっすぐに進めなかった。電子が水素原子に束縛されたことで、光はまっすぐに進めるようになる。このときからまっすぐ伝搬して我々に届いているのが、宇宙マイクロ波背景放射である。そしてこの背景放射の強度は、空のどの方向を見てもまったく同じである。より正確にいえば、わずか10万分の1ほどのゆらぎがあり、それがいずれ銀河や銀河団といった天体を生み出すタネになるのだが、ここではそれは重要ではない。

これら膨大な観測データに裏打ちされた確固たる観測事実が意味するところは明らかだ。そう、我々が原理的に観測可能な、半径464億光年の球の中は、どの場所も同じ物理的性質を持っているのだ。どの方向を見ても同じような宇宙が拡がっており、遠くの宇宙が我々の近傍と異なるのは、過去にさかのぼって見えるということだけである。もちろん、銀河のスケールで見れば、宇宙の性質は場所ごとに異なる。銀河の中には星が密集している一方で、銀河と銀河の間にはごく薄い銀河間ガスしかない。そして数千個もの銀河が集まった銀河団という巨大構造がある一方、ほとんど銀河が見つからないボイドと呼ばれる領域もある。これを宇宙の大規模構造と呼んでいる。だが、銀河団より大きなスケールで宇宙をならしてみると、我々が観測する宇宙は驚くほど、どこまでも同じように拡がっているのである。

これを3次元空間から次元を一つ落として、地球表面の2次元世界でたとえるならば、大海原を航海する船を考えるとよい。船から海を見ると、何の陸地も見えず、細かな波の凹凸《おうとつ》を除けば、水平線まで平らな海が延々と拡がっている。宇宙とは、ある意味、恐ろしく単調で退屈なものであるといえるかもしれない。

爆発としての宇宙膨張

それでは、宇宙膨張を本書のテーマである爆発という観点から見つめ直してみよう。我々が一般的に思い描く爆発現象では、まず、爆発を引き起こすエネルギーの発生がある。このエネルギーは時間的に突然発生し、そして空間の中で局所的に、よりわかりやすくいえば一箇所に集中して発生する。発生したエネルギーは爆発中心領域において熱エネルギーなどに転化し、そして熱エネルギーは圧力の源泉となる。この圧力によって中心領域は膨張を始める。

膨張するということは、爆発領域の内部のエネルギーが膨張する物質の運動エネルギーに転化するということである。エネルギーは保存しなければならないから、必然的に内部のエネルギーは消費されて低下する。内部のエネルギーは主に熱エネルギーであるから、これは結局、膨張物質の温度が低下することになる。こうして爆発が起きてしばらくすると、爆発を生み出したエネルギーの大部分が、飛び散る物質の運動エネルギーになる。この飛び散った物質が周囲の物質に衝突したときに、周囲のものを壊したり、今度は逆に運動エネルギーが熱エネルギーに転化したりといったことが起きる。こうして、周囲にいるものはその爆発が起きたことを認識し、それによる影響を被《こうむ》ることになるのである。

この観点であらためて宇宙の膨張を見てみると、最初のエネルギーの発生による爆発の開始はビッグバン宇宙の誕生であり、その後の宇宙の膨張は、そのエネルギーが運動エネルギーに転化したために物質が飛び散っている状態といえる。そして最初に与えられたエネルギーが運動エネルギーに転化するために、爆発の中の物質の温度は低下するはずである。宇宙は超高温のビッグバンで誕生したはずなのに、宇宙マイクロ波背景放射の温度が絶対温度で2・7Kという超低温になっているのは、まさにこのためである。

だが、宇宙の膨張が通常の爆発と大きく異なる点がある。普通の爆発は空間のどこか一点で局所的に起きて、その影響が周囲に

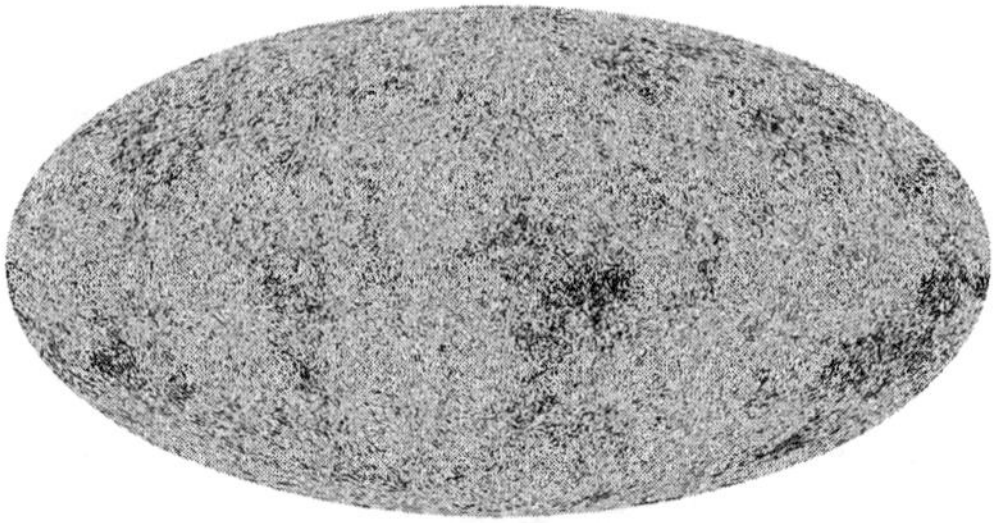

図3－3　宇宙マイクロ波背景放射の全天マップ。濃淡はわずかに10万分の1程度の温度のゆらぎを表している。

伝わる。しかし宇宙の膨張はそうではない。宇宙の膨張は、我々が認識できるかぎりの広い3次元空間において、どの点も同じように膨張しているところにユニークな特徴がある。局所的ではない、いわば大局的・全体的な爆発といえばよいだろうか。これはつまるところ、飛び散っていった爆発物が周囲のものにぶつかって影響を及ぼすといったことが起きないことを意味している。

先述したように、この「一様な宇宙」は少なくとも、我々が見通せる464億光年先より遥か遠方まで拡がっていることは確実である。だが、それがどこまで続くのか、無限に拡がっているのか、あるいは極めて大きなスケールで見れば、物質や空間の拡がりに果てがあるのか、それは残念ながら今の科学の知識では答えられない。もし後者であるならば、ビッグバンで爆発膨張している我々の宇宙が周囲の別の物質にぶつかったりして影響を及ぼすということがあり得るかもしれない。だが、我々がそのような現象を直接目撃することは不可能であろう。

宇宙膨張の理論的裏付け――相対性理論

これまで主に観測事実に基づいて話を進めてきたが、この宇宙が膨張するという事実は理論的にはどう理解されているのだろうか。宇宙が膨張するという概念に自然科学の観点から最初にたどり着いたのは、実は観測データによるものではなく、誕生したばかりの一般相対性理論による理論的考察によってであったことはすでに述べた。当時、宇宙が一様で等方的であるという観測事実はなかったが、もっとも単純な宇宙モデルとして一様等方なものを考えて、一般相対性理論を適用すると、宇宙は膨張したり収縮したりするという解が得られるのである。

ここで、そもそも一般相対性理論、略して一般相対論とは何ぞやという読者のためにごく簡単に説明しておこう。物体が運動する速度は観測者に対して相対的なものなので、観測者の運動速度によって変わる。例えば走っている電車を止まっている人が見るのと、並行して走る車の中の人が見るのでは速度が違って見える。しかし不思議なことに、光の速度はどのように運動している人から見ても、秒速30万キロメートルという一定の速度で観測される。

この事実は、我々が普通に想定する「3次元空間」と、それとは独立に過去から未来に向かって流れる「時間」という概念に縛られていては、もはや説明することができない。むしろこの事実に合致するように、時間と空間の物理法則を書き換えねばならない。そうして1905年にアインシュタインによって提唱されたのが特殊相対性理論であった。この理論の世界では、ある観測者にとっての「3次元空間＋時間」を、それに対して運動する別の観測者のそれに変換する際、空間と時間が複雑に混じり合ってしまう。時間と空間はそれぞれ独立したものと考えてはいけないのである。

その結果、動いている時計は遅れるとか、動いている棒は縮んで見えるなどの奇妙な現象が起きる。奇妙だが、それが精密な実験事実とも合致するのだから仕方ない。時間と空間をつかさどる物理法則は、「光の速度は誰に対しても一定」という原理によって支配されている。その結果、我々の日常感覚に合わない現象が起きたとしても、それは我々が日常生活の経験から勝手にあやまった時間と空間のイメージを作り上げてしまっているからにすぎない。そのイメージは、物体の運動が光に比べてはるかに低速であるときに、近似的に成り立つだけのものだ。

そしてその特殊相対論を、重力も記述できるように拡張したものが一般相対論である。相対論以前の古典力学では、絶対不変の3次元空間と、それとは独立な時間軸のなかで、物体の運動の加速度はそれに加わる力によって決まる。自然界には4種類の力（重力、電磁気力、原子核の中で働く「強い力」、ニュートリノなどに働く「弱い力」）が知られているが、その中でも重力は質量を持った物体の間に働く引力として知られている。すなわち、ニュートンの万有引力の法則を相対論の枠組みに合うように作られたのが一般相対論ということになる。

こういってしまうと何だか簡単な話に聞こえるかもしれないが、この「重力を相対論の枠組みに入れる」という作業のためには、特殊相対論をはるかに上回る大きな発想の転換が必要であった。それは重力を、物体の運動を曲げる「力」とみなすことすら放棄し、重力の本質は時空のゆがみだとするものである。

自然界に存在する4種類の力のうち、重力だけに見られる不思議な性質がある。力というのは、物体の運動速度を変える「加速度」を与えるものであるから、大きな力が加われば、それだけ大きく物体の運動が変わる。一方、重たいものほど動かしにくい（専門的には慣性が大きいという）ので、同じ力が加わっても加速度は小さくなる。物体に加わる重力はその物体の質量（重さ）に比例するので、重力と慣性がちょうど打ち消し合い、結果的に、物体の質量がいくらであろうとも、重力の影響下ではすべての物体は同じように運動することになる。簡単にいえば、重たい球も軽い球も、同時に手を離せば同時に地面に落ちるということだ。

ここにより深い物理が隠れていると考えたのが一般相対論の偉大な発想である。すべてのものが同じように運動するのであれば、物体の運動方向が変わるのは力によるものではなく、物体が運動するフィールドとしての時間と空間がゆがんでいると考えるのである。

簡単な例を挙げよう。地球の表面は球面というゆがんだ2次元曲面である。地球の赤道上を運動している人があり、それを北極点にいる人が認識するとしよう。赤道上を移動している人は、その場その場で地上をまっすぐに進んでいるつもりである。だが、北極点の人から見れば、いつまでも自分からの距離が変わらず、自分の周りを回っているように見える。これはゆがんでいない曲面、すなわち平面上では絶対に起こりえないことである。

これを時間＋空間の4次元に拡張し、重力はその4次元時空のゆがみであるとしたのが一般相対論である。重い物体が存在すると、その質量のために周囲の時空がゆがむ。周囲の物体は、そのゆがんだ時空を、その場その場でまっすぐに進んでいるつもりだが、時空のゆがみのために、力で曲げられたように運動する。地球はあくまでまっすぐに進んでいるつもりであっても、延々と太陽の周りを回り続けるのである。孫悟空がまっすぐに飛んだつもりなのに元の場所に戻ってしまったのも、お釈迦様が強力な重力を発揮したためだったのかもしれない。

4次元時空のゆがみと、その中に存在する物質の質量（より正確にはエネルギー）の分布を数学的に結びつけたものがアインシュタイン方程式と呼ばれるものである。与えられた物質の分布に対してこれを解けば、時空のゆがみ、つまり時空の構造が定まり、その中を運動する物体の軌跡も予言できる。重力場が弱く、物体の運動速度が光速よりはるかに小さい場合は万有引力の法則に合致するので、我々の身の回りで起きている現象とも矛盾はない。

この理論が誕生してから百年以上もの間、さまざまな実験的な検証が行われてきた。そのすべてが、古典的なニュートン力学よりも一般相対論のほうが正確に自然と合致していることを示している。そのため、重力および時間空間についての標準理論として受け入れられている。

この「重力の本質は時空のゆがみ」というアインシュタインの発想は真に独創的なものである。ジャレド・ダイアモンドの『銃・病原菌・鉄』という本に以下のような一節がある。「あの時、あの場所で、あの人が生まれていなかったら、人類史が大きく変わっていたというような天才発明家は、これまで存在したことがない。功績が認められている有名な発明家とは、必要な技術を社会がちょうど受け容れられるようになったときに、既存の技術を改良して提供できた人であり、有能な先駆者と有能な後継者に恵まれた人なのである。」これは科学の発展についても概《おおむ》ね当てはまるといってよいと思う。だがもし、例外を一つ挙げよといわれれば、筆者はアインシュタインのこの発想を選ぶだろう。

なぜ、宇宙は爆発・膨張するのか——相対論の解答？

それでは、宇宙がビッグバンの大爆発で誕生し、現在に至るまで膨張していることは、相対性理論が理論的な説明あるいは解答を与えてくれるのだろうか？　答えからいえば「否」である。とくに、「宇宙が爆発で始まった」ことについては、相対論は何の解答も与えてはくれない。そして「宇宙が膨張している」ことについても、それを物理的に記述したり解釈したりする上で相対論は極めて強力であるが、今の宇宙が膨張していることを必然であるといってくれるわけではないのだ。

宇宙が一様で等方的であるとして、一般相対論を適用すれば、宇宙が膨張したり収縮したりすることがわかる。そして、初期条件が与えられれば、膨張・収縮が将来どのように進むのか、それに応じて中を満たす物質がどのように変化するか、といったことは相対論を含む物理学理論から予言することができる。だが、常に膨張していることが必然というわけではない。

一般相対論とは、重力の理論であった。そのため、宇宙の膨張は以下のような身近な現象と本質的には同じであるといえる。ボールを空に向かって投げ上げることを考えよう。ボールの高さが高くなることが、宇宙が膨張することに対応する。だが、ボールはやがて最高点に到達すれば、その後は地上に向かって落下する。これは宇宙の収縮ということになる。

ここでの重力の本質的な役割は、膨張・収縮あるいは上昇・落下ではない。ボールを常に下向きに引っ張るというのが重力の本質である。ボールが上昇する速度を減少させるという、減速効果といってもよい。宇宙の膨張でも、その中を満たす物質が重力によって互いに引き合うことで、膨張に減速ブレーキがかかる。このため、空中のボールも、宇宙も、じっと静止していることは不可能であり、膨張するにしろ収縮するにしろ、常に運動していることになる。

したがって宇宙の「爆発」ということについていえば、相対論は、最初のエネルギーの解放を経て、モノが飛び散っている状態を精密に記述できるにすぎない。なぜ、爆発が起きたか、あるいは、今の宇宙が収縮ではなく膨張していることが自然なのか、といった問いについては何も教えてくれないのである。この答えに迫るためには、ボールのたとえでいえば、最初に手でボールを投げ上げるという、外からの何らかのアクションが必要となる。物理学の諸法則は基本的に、「初期条件が与えられた場合に、その後の時間発展を予言するもの」である。だから、相対論が宇宙の膨張を記述することはできても、「なぜ初期条件がそのようになっているのか」という問いに対しては無力なのだ。宇宙が爆発で始まったことを理解するためには、それとは別に宇宙誕生時の物理の理解が必要となる。

インフレーションによる宇宙爆発

宇宙を超高温・超高密度で爆発する火の玉として用意すれば、あとは相対論などの基盤がしっかりした物理を用いてその後の宇宙の進化を予言することができ、そしてそれは最先端の天文宇宙観測によって得られた膨大なデータと極めてよい一致を示している。これが、ビッグバン宇宙論が盤石とされる所以である。

となると当然、その宇宙の初期状態はどのようにして生まれたのかというのが次の疑問となる。残念ながら、そのような超初期では、我々は自信を持って適用できる物理学理論を持ち合わせていない。どんなに有名な学者が提唱した理論であっても、実験で検証されなければ万人が信じて受け入れる基本法則とはならない。さまざまな根拠から、ビッグバン宇宙の誕生時の密度や温度では、我々が今持っている物理学理論はそのまま適用することはできないと考えられている。一方で、我々が実験できる物理状態からあまりにかけ離れているため、新しい理論を考えても実験で検証することは絶望的である。したがって、ビッグバン宇宙誕生についての仮説こそ数あれど、科学的には確立したとはいえないものばかりである。

だが一つだけ、ビッグバンに先立って確実に起こっただろうとほぼすべての研究者が一致しているものがある。佐藤勝彦やアラン・グースらによって提唱された、「インフレーション」と呼ばれるものである。先述したように、宇宙の膨張は通常はだんだん遅くなる、つまり減速する。だがビッグバン宇宙の初期状態が実現する前に、宇宙の膨張がどんどん速くなる、つまり加速していた時期があった。それをインフレーションと呼んでいる。たんに加速度的に膨張するだけでなく、一定時間で宇宙が倍々ゲームで大きくなっていくという、極めて急激な膨張であった。

このようなことを考える動機は、理論的というよりはむしろ観測事実を説明するためである。通常の物質だけでできた宇宙の膨張はかならず減速する。一方で、光の速度は一定である。このことは、どんなに遠くにある地点でも、我々が放った光がいつかはそこに届くことを意味している。今、宇宙の地平線を越えるような非常に遠い地点は、光速をはるかに超える速度で我々から遠ざかっていて、直接見ることはできない。だが宇宙膨張の減速で遠ざかる速度はだんだん遅くなり、遠い将来、いつか光は追いつくことになる。

これはつまり、我々が光を用いて通信できる領域は時間とともに拡がっているということだ。逆にいえば、今、我々が原理的に見通せる半径４６４億光年の領域内にある物質や銀河も、昔の宇宙では地平線の向こう側にあったのである。ここで少し不思議なことに気づく。この宇宙は見渡すかぎり、同じような密度で同じような宇宙が拡がっている。これまでまったく情報が隔絶していて、今の時代に初めてお互いに見ることができるようになったのに、どうして示し合わせたように同じ密度でそろっているのだろうか？　もちろん、宇宙とはそのように生まれるモノなのだと納得するのは一つの手段である。しかし、うまい説明があるに越したことはない。

実際、ビッグバンの前にインフレーションがあったとすると、このことはうまく説明できるのである。インフレーション以前、宇宙のごく小さなある領域が十分に情報をやりとりした上で、一様な密度にならされた状態になったとしよう。そしてインフレーションが起きて、その領域が急激に膨張した。その領域の端と端が離れる速度は光速をはるかに上回った。光より速い速度はありえないとよくいうが、それはあくまで光が伝搬する際の周囲に対する相対速度のことである。宇宙の離れた2地点が光速を超える速度で離れていっても何の問題もないのである。

こうして、広大な宇宙空間の一様な整地作業が完了した。そしてこの後に、減速膨張するビッグバン宇宙が始まったと考えれば、「あまりにも一様すぎる宇宙」の問題は解決する。ビッグバン宇宙の枠組みでは、伝搬する光は常に、これまで情報が伝わったことのない未踏の宇宙に踏み込むように思えるのだが、実はその前のインフレーションによって、情報は先回りで伝達されていたというからくりだ。

$$R_{\mu\nu} - \frac{1}{2} R g_{\mu\nu} + \underbrace{\Lambda g_{\mu\nu}}_{\text{宇宙項}} = \frac{8\pi G}{c^4} T_{\mu\nu}$$

$R_{\mu\nu}$：リーマン曲率テンソル　$g_{\mu\nu}$：計量テンソル
R　：スカラー曲率　$T_{\mu\nu}$：エネルギー運動量テンソル

図3－4　アインシュタイン方程式

それでは、どうしてインフレーションが起きたのか？　通常の物質に満たされた宇宙は常に減速膨張するのではなかったのか？　という疑問がわくであろう。たしかに通常の物質をいくら宇宙に詰めてもインフレーションは起きない。逆にいえば、何らかの「通常でない」物質あるいはエネルギーを宇宙に詰めれば、インフレーションが起きる。そのような奇妙な物質の候補は、実はいくつかあるのである。

数学的には、宇宙の進化を決定するアインシュタイン方程式を見たときに、誰でも入れたくなるようなシンプルな定数がある。$ax^2+c=0$という、未知数xについての二次方程式を見た人が、bという定数を用いて$ax^2+bx+c=0$と変更するようなものである。宇宙定数と呼ばれるもので、これを入れると、宇宙を収縮させようという重力とは逆向きの力が働く。これは歴史的にはアインシュタイン自身が、膨張も収縮もしない、安定して静止した宇宙モデルを可能とするために考案したものだが、その後、ハッブルやルメートルによって宇宙膨張が発見されると、一度は忘れられた。だが、十分な大きさであれば宇宙は加速膨張によりインフレーションを起こす。

素粒子物理的にも、粒子の生成や消滅を扱う際に出てくる「真空のエネルギー密度」という概念は、数学的に宇宙定数と等価なものになる。つまり、超初期の宇宙のある一時期、宇宙にはインフレーションを引き起こすような真空のエネルギー（あるいはそれに近いもの）に満たされていて、加速度的に膨張したと考えることはそうおかしなことではない。そして何らかの理由で、インフレーションを起こしたエネルギーが通常の物質エネルギーに転化する瞬間こそ、インフレーションの終了とビッグバン宇宙の始まりということになる。

繰り返すが、このシナリオは物理学的にとくに不自然なところはないものの、基盤となる物理学基礎理論が確立していないので、具体的なことは何一つ確実にいえないのが実情である。しかし、現在我々が見渡す宇宙が限りなく一様に拡がっていることを自然に説明できる唯一の科学理論として、広く受け入れられている。

さて、これを踏まえた上で、宇宙の始まりを「爆発」という観点から見直してみよう。高温高圧の通常物質が詰まったビッグバン宇宙の膨張は、あくまで、爆発で飛び散った物質が、重力で引き戻される力を感じつつ拡がっている状態にすぎない。最初の爆発の根源的なエネルギーをもたらしたものは、むしろインフレーションということになる。インフレーションによって宇宙のある領域が加速度的に拡がり（＝爆発）、その結果、広大で外向きに膨張するビッグバン宇宙が誕生したのである。

再び爆発を始める現在の宇宙!?――暗黒エネルギーの謎

さて、インフレーション後のビッグバン宇宙は爆発の後であり、重力で減速しつつ物質が飛び散っているだけだと書いたのだが、実は、まさに我々が生きているこの時代に、宇宙はそうした状態から脱却しようとしているらしいことが、近年の精密な宇宙観測によって明らかになってきた。それが、宇宙の加速膨張の発見である。本章の最後にこれについて触れておこう。

現在までに得られたさまざまな観測データは、たしかに、インフレーション終了後から現在に至るまで、宇宙は相対論が予言するように減速しながら膨張してきたことを示している。しかし、なぜか我々が住むこの時代（といっても宇宙論的な時間スケールなので数十億年の幅がある）に、膨張が減速から加速に転じているようなのだ。数学的には、宇宙膨張を加速させる効果を持つあの「宇宙定数」を、ちょうど今の時代に効果が現れはじめるような値にして、宇宙モデルに入れてやればよい。この、宇宙定数入りの宇宙論モデルは今のところ、すべての観測データを恐ろしいほどうまく説明できている。

ちなみに、この宇宙の加速膨張の発見は、Ia型と呼ばれるタイプの超新星を用いて発見されたといわれることが多い。この超新星は明るさがほぼ一定なので、距離の指標となる。これを使って遠方の銀河までの距離とその後退速度を測れば、宇宙の膨張率の歴史がわかるのだ。実際、この観測を行った米国を中心とする二つのグループに、2011年のノーベル物理学賞が与えられている。

だが、天文観測によって宇宙モデルを決めるという研究は、常にある程度の誤差や不定性を伴う。20世紀終盤から、さまざまな観測手法で宇宙モデルを決めるという研究が盛んに行われた。宇宙定数を入れないと観測に合わない、すなわち宇宙膨張が加速に転じているという結論はそうしたさまざまな研究が積み重なって、宇宙論研究者の間で徐々にコンセンサスが得られたものである。

超新星を使った結果が報告されたのは1998年だが、その時点では、私も含めて多くの研究者は、これで宇宙モデルが確定したとは思わなかった。多くの研究者にとって決定打となったのは2003年、不定性が非常に少ない手法である、宇宙マイクロ波背景放射の精密観測の結果が発表されたときであっただろう。

実は歴史をさかのぼれば、観測データの解析から、宇宙定数がゼロでないほうがよいということを最初に提唱したのは1990年、遠方の銀河の個数を解析していた吉井《よしい》讓《ゆずる》ら日本人研究者のグループであった。このパイオニアといえる研究が超新星によるものほど評価されていないのは、観測手法の不定性が大きいという理由だ。だがそれでは、超新星の結果に不定性がないのかといえばそんなことはない。超新星を使って遠方銀河までの距離を決めるには、「明るさが一定」ということが大前提だ。だが、途中に星間塵《せいかんじん》などの光を吸収する物体があると、我々が見る明るさは変わってしまい、距離の測定も狂うことになる。

私は1999年に、この星間塵の影響は結構大きく、現時点で宇宙定数がゼロでないと結論することはできないという論文を米国天文学会の雑誌に発表した。銀河は時間とともに進化している。遠方（つまり昔）の銀河は今の銀河に比べて星間塵が多く、その結果、超新星は暗く見えて、距離を多めに見積もってしまう可能性があるのだ。その後、ロサンゼルスで開催された国際会議に招待されて講演し、米国の超新星観測グループと討論したこともある。彼らも、私の指摘を間違っているということはできなかった。加速膨張が確立した現在の視点で見れば、銀河の数による手法も、超新星によるものも、どちらも不定性を抱えながら、それなりに加速膨張の兆候をつかんでいたと見るべきであろう。

そうした経緯があるので、加速膨張の発見に関して超新星による研究だけが脚光を浴び、ノーベル賞が授与されたことについては、私は残念ながら少々バランスを欠いていると思っている（そして、同じ考えを持つ研究者の数は結構多い）。ノーベル賞も結局は人が人に与えるものであり、研究のわかりやすさ、宣伝のうまさ、サポートするコミュニティの大きさなどと無縁であるとは言い切れない。科学の世界で業績を正当に評価することは、実に難しいことである。

少々愚痴めいた話になってしまったが、本筋に戻ろう。この「現在の宇宙が減速から加速膨張に転じている」という問題は、現在の宇宙論における最大の難問とされ、多くの科学者を悩ませている。数学的にはほどよい宇宙定数の値を設定すれば済むのだが、インフレーションが起こるような宇宙初期ならともかく、今の宇宙が加速に転じるような宇宙定数の値は物理学理論的に極めて不自然なのだ。さらには、なぜ、我々がちょうどそのような時代に生まれあわせているのか、ただの偶然と考えるにはあまりに奇妙であるという問題もある。今のところ、誰もが納得するようなもっともらしい説明は皆無であるといっていい。宇宙定数は真空のエネルギー密度という物理的意味があるので、これを拡張して、何やらよくわからないが宇宙を満たしている謎のエネルギー、という意味で「暗黒エネルギー」と呼ばれたりもする。だが、その正体は実はエネルギーではなく、前提としているアインシュタイン方程式、つまり相対論を宇宙全体に適用するところに問題があるのかもしれない。この正体が判明するまでには、まだしばらく時間がかかりそうである。

さて、この暗黒エネルギーを「爆発」という観点から見るとどうなるだろうか？　膨張を加速させるということは、まさにエネルギーを使って爆発を起こすということに他ならない。ビッグバンを引き起こした最初の爆発の後、新たなエネルギーの注入はなく、たんに物質が飛び散っているだけの状態が百数十億年ほど続いた。そして原因はまったくわからないが、現在の宇宙は再びエネルギーを得て新たな爆発を引き起こそうとしている。我々はそのような重大な宇宙史の転換点の、恐ろしく幸運な目撃者といえるのかもしれない。

第四章　ビッグバンから星々の世界へ

なぜ、この宇宙は星々で満ちあふれるようになったのか

以後の本書では、宇宙における爆発のもう一つの代表例である「星の爆発」にまつわるさまざまな現象について解説していくつもりである。だが、宇宙そのものの爆発（ビッグバン）から、何がどうなって宇宙最初の星が生まれ、やがて宇宙は星と銀河で満ちあふれて、あちこちで星の爆発が起こるようになったのか。そこをつなぐお話をしておいたほうがいいだろう。それが本章の目的である。

素粒子の世界と力の分化

ビッグバンとして誕生した直後、宇宙は想像を絶する高温だった。そのような高温では、物質は素粒子レベルでバラバラになってしまう。我々の身の回りの物質はさまざまな分子でできている。分子は原子の複合体であり、原子はその中心の原子核を電子がとりまく複合体だ。そして自

然界にはさまざまな元素が存在するが、元素の種類の違いとはすなわち原子核の違いである。その原子核はさらに、陽子と中性子が集まった複合体になっている。

その陽子や中性子もまた究極の素粒子ではなく、クォークと呼ばれる粒子が3つ結合したものだと理解されている。このクォークや電子は、現在の物理学ではそれ以上分解することができない基本素粒子と考えられている。電子には、性質が似ているが質量がずっと重いミュー粒子、タウ粒子という仲間がいる。そしてこれら3粒子にそれぞれ、ペアとなるニュートリノという粒子が存在する。電子の仲間三兄弟にニュートリノもまとめて「レプトン」と呼ぶ。クォークとレプトンが、すべての物質の根源となる素粒子といえる。

さらに、これらの粒子の間に働く力を伝えるのもゲージ粒子と呼ばれる素粒子であり、その代表例が電磁気力を伝える光子（電磁波）である。同じように、クォークや原子核で働く「強い力」を伝えるグルーオン、そして陽子を中性子に変えたり、電子をニュートリノに変えたりする「弱い力」を伝えるのがW粒子とZ粒子である。そして最後に、クォーク、レプトン、ゲージ粒子のすべてに質量を与えるメカニズムに関わる、ヒッグス粒子というものが存在する。これは2012年に発見されたばかりだ。以上が、現在の素粒子標準理論に登場する粒子たちである。ちなみに4つの力のうち、重力を伝える重力子という粒子もあると期待されるが、重力を量子化した理論がまだ完成を見ていないため、標準理論には含まれない。

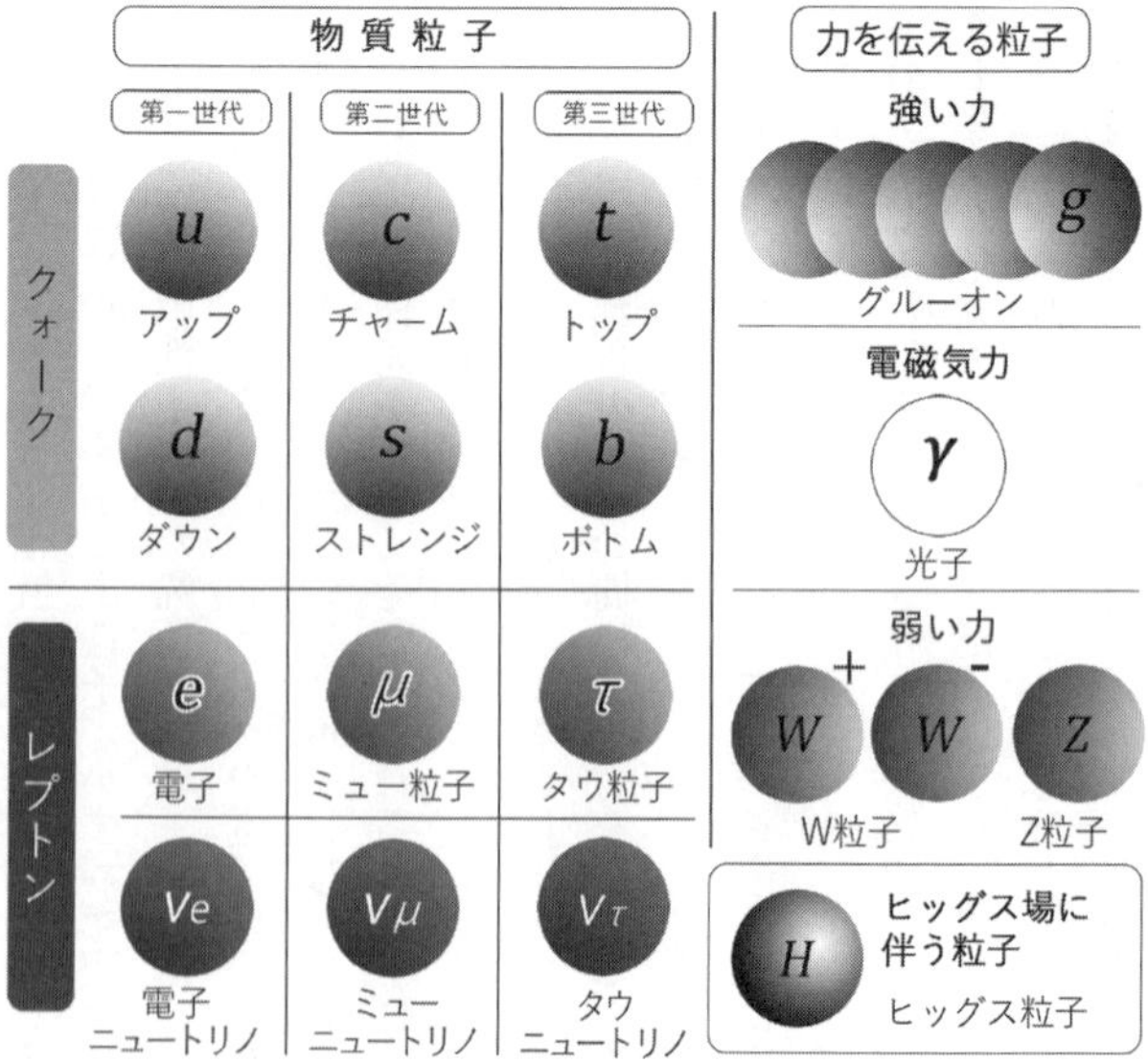

図4－1　素粒子の分類表

宇宙が誕生してから1マイクロ秒（百万分の1秒）より前は、これらの基本粒子はすべてバラバラに飛びかっている状態だった。「それより初期の宇宙は？」となると、我々の知る物理法則はおそらく適用できないので、確かなことはいえない。だが、高温になる、すなわち粒子のエネルギーが高くなると、4つに分かれている力が統合されていくと期待されている。事実、電磁気力と弱い力はおよそ1兆電子ボルト以上のエネルギースケールで統合されることが知られていて、それはすでに標準理論に含まれている。おそらく、宇宙誕生直後の超高温の世界では、4種類の異なる力はすべて統合されていた。そこからまず重力が分かれ、次に強い力が分かれ、現在の標準理論の世界になったと考えられている。

物質と反物質、そして陽子と中性子の誕生

反物質という言葉を聞いたことがあるだろうか。「光あるところに影がある」というが、自然界は対称であることを好むようだ。プラスの電気にはマイナスの電気があるが、素粒子の世界もこのプラスとマイナスについて完全に対称的にできているらしい。電荷がプラスの粒子には、それと物理的性質はまったく同じだが、電荷だけが逆にマイナスであるような粒子がペアで存在する。これを反粒子という。例えば、電荷がマイナスの電子に対して、同じ質量だが電荷がプラスの粒子「陽電子」が存在するといった具合である。ただし電荷がない粒子、例えば光子などは反粒子がない（別ないい方をすれば、自分自身が反粒子）ということもある。

このように、素粒子理論レベルでは粒子と反粒子は厳密に対称に作られているのだが、なぜか宇宙に存在する物質はこの対称性が完全に崩れている。我々の身の回りの物質では、プラスとマイナスの電荷量という意味ではたしかにバランスが取れていて、電気的には中性である。だが、プラスの電荷を持っているのは常に陽子であり、マイナスの電荷を持っているのは電子である。陽子の反粒子である反陽子や、電子のそれである陽電子は加速器実験で生成されるものの、周囲

の物質と反応して一瞬で消えてしまう（対消滅《ついしょうめつ》という）。

なぜそのような宇宙になっているのか。それは、宇宙の初期において、常物質のほうが反物質よりわずかに多かったためだと考えられている。ただし、ではなぜ常物質のほうが多かったかについては、さまざまな仮説があるが詳しいことはわかっていない。「わずかに多かった」というのは、どのくらいわずかなのだろうか。それはおよそ10億分の1、つまり、反物質の粒子が10億個あったら、常物質は10億＋1個というようなものである。

宇宙が十分に高温であれば、粒子も高いエネルギーを持っており、光子と光子が衝突して粒子と反粒子を作り出すことができる（対生成）。そのため物質粒子も反物質粒子もほぼ同数で存在している。だが宇宙の温度が低下し、光子のエネルギーが反物質粒子の静止質量エネルギーを下回ると、もはや対生成は起きなくなる。質量を持った粒子を生み出すには、最低限、その静止質量エネルギーをどこからか持ってこないといけないからだ。こうなると、対消滅だけが起きて、常物質か反物質のどちらか、あるいは双方が消え失せることになる。

宇宙誕生から1マイクロ秒が経《た》った頃、それまでバラバラだったクォークが3つずつ結合して、陽子や中性子、そしてそれらの反粒子が現れる。この頃の宇宙の温度はざっと10兆度で、粒子の平均エネルギーは陽子や中性子の静止質量エネルギー（1ギガ電子ボルト）と同じ程度である。宇宙の温度は膨張とともに下がり続けているから、このあとほどなく、陽子と反陽子、中性子と反中性子が対消滅を始める。そして、10億個の粒子が壮絶に対消滅した後で、わずかに1個だけ多かった陽子や中性子が生き残る。これが、我々の身の回りにあるすべての元素の源なのである。

元素の誕生

時代が下り、宇宙誕生後1秒前後になると、それまでバラバラで存在していた陽子と中性子が合体を始める。さまざまな原子核、すなわち元素の誕生である。このとき、宇宙の温度は約10億度になっている。といっても、この宇宙初期のビッグバン元素合成で作られる元素は、周期表でいえばもっとも軽い数種類の元素、すなわち、水素原子核（これは陽子と同じなので、はじめからあったともいえる）に加えて、ヘリウム、リチウムぐらいである。

実は原子核の性質からいえば、酸素や炭素のようなもっと重い原子核ができてもおかしくない。すべての元素の原子核の中で、もっとも強く結合して安定性が高いのは鉄（陽子26個と中性子30個の結合体）である。陽子や中性子は、この鉄の大きさまでは結合したがる傾向を持つと思ってよい。

だが実際に宇宙を飛びかう陽子と中性子が出会って反応するには一定の確率が必要だ。そして宇宙は膨張をしているので、時間とともにどんどん密度が下がり、スカスカになって陽子や中性子が出会いにくくなる。その結果、宇宙初期の短時間の間では、リチウムをわずかに作ったあたりで反応が止まってしまうのである。最終的な生成物は、もっとも軽い水素が重量パーセントで76%を占め、ヘリウムが24%、そしてごく微量のリチウムということになる。我々の体を作る上で不可欠な、より重たい元素は、ずっとあとの時代になって星の中の核融合反応で作られることになる。

光と物質の逆転、そして晴れあがる宇宙

宇宙が誕生してからの時間として、我々に容易に実感できるスケール（秒～数十年）で起こる唯一の宇宙史上の事件が、前節で述べたビッグバン元素合成である。その他の重要な事件はすべて、宇宙の年齢が我々に想像できる時間に比べてずっと短いか、あるいは長い時代に起きた。ビッグバン元素合成以後、次に重大な事件が起きたのは宇宙誕生後5万年の時代にまで下らねばならない。このとき、宇宙の温度は1万度程度までに下がっている。ロウソクの炎の青い部分の温度が1000度程度というから、それに比べてまだ高いとはいえ、そう大きな違いではない。

このとき何が起こるのかといえば、それは宇宙における主役の交代である。宇宙が誕生してか

らこのときまで、宇宙のエネルギーの支配的な成分は常に光（より正確には電磁波あるいは光子）であった。だが宇宙が膨張し、その温度が下がるにつれて、光はエネルギーを失っていく。温度の本質は粒子の平均的な運動エネルギーであり、光もまた例外ではないからだ。だが、運動エネルギーが下がっても、その粒子の持つエネルギーが下がらないタイプの物質がある。

それは実は、我々にとって身近な物質のことだ。身の回りの物質を構成する原子核も電子も、その運動速度は光速に比べてはるかに小さい。それは、粒子の運動エネルギーが静止質量エネルギーに比べてはるかに小さいということと同じだ。こういう状態の物質を専門的には「非相対論的物質」という。これは物質の種類によって決まるような概念ではなく、どんな物質でも、十分に温度を上げて、粒子の運動エネルギーが静止質量エネルギーより大きくなれば、非相対論的物質から相対論的物質に変わる。慣例として、たんに「物質」といった場合は「非相対論的物質」を指すことが多い。

運動エネルギーと違い、静止質量エネルギーは宇宙が膨張しても小さくなることはない。したがって物質のエネルギー密度は、膨張で体積が大きくなった分だけ下がるものの、光のエネルギー密度に比べればゆっくりと下がる。その結果、宇宙が膨張するほど、物質のエネルギー密度は、光のそれに比べて大きくなっていく。

陽子や中性子が誕生した頃（宇宙誕生後1マイクロ秒）、物質のエネルギー密度は光に比べてわずかに数十億分の一であった。ここでいう物質とは現在の宇宙に、さまざまな元素として存在する通常物質という意味である。さらに、正体は不明だが、この5倍ほどの量の暗黒物質が存在しているらしく、これも非相対論的物質として振る舞う。この通常物質と暗黒物質が徐々に光子に対してエネルギー密度の比率を上げていき、ついに逆転するのが宇宙誕生後5万年ということになる。

これは宇宙の進化に対してどのようなインパクトを持つのだろうか？　宇宙の膨張の仕方を決めるのは、一般相対性理論におけるアインシュタイン方程式である。宇宙における物質の分布と時空の構造を関係づけるのがこの方程式であるが、一様等方宇宙に適用した場合は、宇宙膨張の速さと宇宙のエネルギー密度の間の関係式になる。宇宙の膨張に対して、光と物質ではエネルギー密度の進化が異なる。ということは、エネルギー密度の担い手が光から物質に変われば、宇宙膨張の進化の仕方も変わるということになる。膨張速度が徐々に減速していくことに変わりはないが、物質のエネルギー密度の低下は光に比べて緩《ゆる》やかなので、減速の度合いもまた小さくなる。

そして宇宙誕生後38万年の頃にもう一つ、宇宙史的な事件が起こる。それが前章で述べた「宇宙の晴れあがり」である。１００億年を超える宇宙史の中で見れば、５万年と約40万年というのは直後といえるほどに近い。そうなると両者の間には何か物理的な関連があるのではないかと思いたくなるが、これらはまったく異なる二つの物理現象であり、時刻が近いのは偶然であると考えられている。

この宇宙誕生後約40万年という頃、宇宙の大きさは現在の約1000分の1であった。我々が宇宙に出現する前に、この晴れあがりが起こってくれたことは我々天文学者にとってはまことに幸運であった。ここで起こったことは、それまでバラバラだった陽子と電子が結合して水素原子になったことであった。それ以前は、光子と電子は互いに頻繁に衝突して散乱され、光はジグザグ運動をするために遠くを見通すことができなかった。雲の中にいるようなものである。もし、今の宇宙でもそのような状況であったなら、我々は遠方の銀河の存在を知ることはできず、宇宙の膨張という事実も知ることができなかったであろう。

宇宙の大規模構造を生み出す

物質と光のエネルギー密度の逆転は、我々がこの宇宙に生まれる上で決定的に重要である。星や銀河の形成につながる、宇宙の密度ゆらぎの増幅が始まるのである。この時点まで、宇宙における密度の場所によるゆらぎはごくわずかで、宇宙マイクロ波背景放射に見られるように、ざっと10万分の1ほど（ある場所で密度を1とすれば、他の場所では1・00001とか0・999

99、といったレベル）でしかなかった。
この密度ゆらぎの起源は完全に解明されたわけではないが、もっとも有力な説は宇宙初期の量子力学的なゆらぎを起源とするものである。量子力学は現代の物理学の基盤となっており、素粒子レベルでの物理現象の記述にはなくてはならぬものである。不確定性原理としてよく知られているように、量子力学ではあらゆる物理量は明確な一つの値を持つのではなく、必ずゆらいでいる。宇宙のエネルギー密度も例外ではない。

話は宇宙初期に起きたとされるインフレーションにさかのぼる。すでに述べたとおり、この時代の急激な宇宙膨張により、光速で因果関係を持てる領域を大きく超えて一様等方な宇宙が作られた。因果関係を持てる領域の中では、エネルギー密度は量子力学によってゆらいでいる。そのゆらぎが、インフレーションによってはるかに大きなスケールにまで引き伸ばされた。

密度のゆらぎの性質を考える上では、ゆらぎを波としてとらえると考えやすい。波長の長い波は、大きな長さスケールでゆったりとゆらぐ波。逆に短い波は、小さなスケールで細かく密度が変わる波。一般に、我々が目にする「ゆらぎ」や「振動」は、こうしたさまざまな波長の波の重ね合わせになっている。我々が耳にする音も、さまざまな音階の音が足し合わさったものである。ごく小さな領域の密度ゆらぎが急激な膨張で引き伸ばされるということが、インフレーションが続いている間、繰り返された。その結果、どのような長さスケールの波長で見ても、約10万分の1というほぼ同じ大きさの密度ゆらぎを持った宇宙が誕生したのである。このゆらぎの特徴は観測データともよく一致しており、インフレーションを支持する根拠の一つとなっている。

これをタネとして、やがて星や銀河が生まれていくわけだが、タネを大きく育てるには何らかの作用が必要だ。これが万有引力、つまり重力である。周囲に比べて密度が高い場所には強い重力が生まれ、それに引き寄せられて物質が集まり、密度はさらに高くなる。こうして密度ゆらぎが増大していく。ただし、このタネから芽が出て成長を始めるのは、インフレーションの時代からみればはるかな後年であり、それが光と物質のエネルギー密度逆転の時代というわけである。

光が満ちた状態、つまり光子気体と呼ばれるものは高い圧力を持っていて、ある領域で密度が高くなれば、それに応じて増大した圧力による反発で、元の密度に戻ろうとする。そのため、光のエネルギー密度のほうが高いうちは、重力がいくら頑張っても密度ゆらぎは成長できない。

一方、物質の持つ圧力は、光のそれに比べれば無視できるほど小さなものである。こういうと、「我々の身の回りにある物質でできた気体も、圧力があるではないか?」と思われるかもしれない。そのように感じた方は、物理的思考のセンスがよいということだと思う。だが、ここでカギとなるのは、物質粒子の静止質量エネルギーを考慮するかどうか、ということなのだ。

気体の圧力は、気体粒子が容器の壁にぶつかって運動量を渡すことで、壁を押す力が生じるものである。長さや質量などの物理量の組み合わせ、いわゆる物理量の「次元」という考えでいえば、圧力はエネルギー密度と同じである。次元が同じということはいいかえれば、両者は同じ単位を使って表すことができるということだ。気圧の単位として天気予報に出てくる「ヘクトパスカル」は、1パスカルの100倍という意味だが、その1パスカルの定義は「1平方メートルの面積あたりに働く力が1ニュートン」である。単位面積あたりに働く力に対する、SI単位系で決められた単位だ。

ところで力の単位ニュートンは、「質量×加速度」で、[kg・m/s^2]となる。ちょっと計算すればわかるが、「1m^2あたり1ニュートン」と「1m^3あたり1ジュール」とはまったく同じになっている。エネルギーの単位1ジュールは[kg・m^2/s^2]なのであった。つまり、「単位面積あたりに働く力」と「単位体積あたりに含まれるエネルギー」は本質的に同じ物理量なのだ。そのため、我々の身の回りにある気体でも、気体粒子の運動エネルギー密度と圧力は同じぐらいになっている。

物質と光のエネルギー密度の逆転は、物質の静止質量エネルギーも考慮してのものだった。だが、圧力はあくまで粒子の運動に起因するものなので、静止質量エネルギーは関係がない。そのため、粒子の運動速度が光速よりずっと遅い非相対論的な物質では、圧力は静止質量エネルギー密度に比べて無視できるほど小さい。一方、光子の集まりである光子気体では圧力とエネルギー密度は常に同じ程度である。したがって、光と物質の逆転以降、密度ゆらぎの成長を抑えていた光の圧力は急減し、重力による天体形成が始まるのである。その天体の主成分は、通常物質より5倍以上多く存在する暗黒物質である。

高密度領域が重力で引き寄せられて収縮し、暗黒物質の塊ができる。暗黒物質の正体は不明だが、とにかく重力だけに反応する物質で、光や通常物質には反応しない。我々が暗黒物質の塊とすれ違っても、何も気づかずにすり抜けてしまうだろう。その塊の中では、引き寄せた重力により、暗黒物質粒子は運動エネルギーを獲得して、バラバラに運動している。それが重力に対抗する力となって釣り合うことで、それ以上の収縮が止まる。こうしてできた天体を「暗黒物質ハロー」と呼んでいる。ハローとは、あるものの周囲に薄く拡がったものを指し、銀河の中で光っている星々の周りに暗黒物質が拡がっている様子から名付けられたものである。

インフレーションで生まれた密度ゆらぎを初期条件として出発すると、小さいスケールのゆらぎのほうが先に成長す

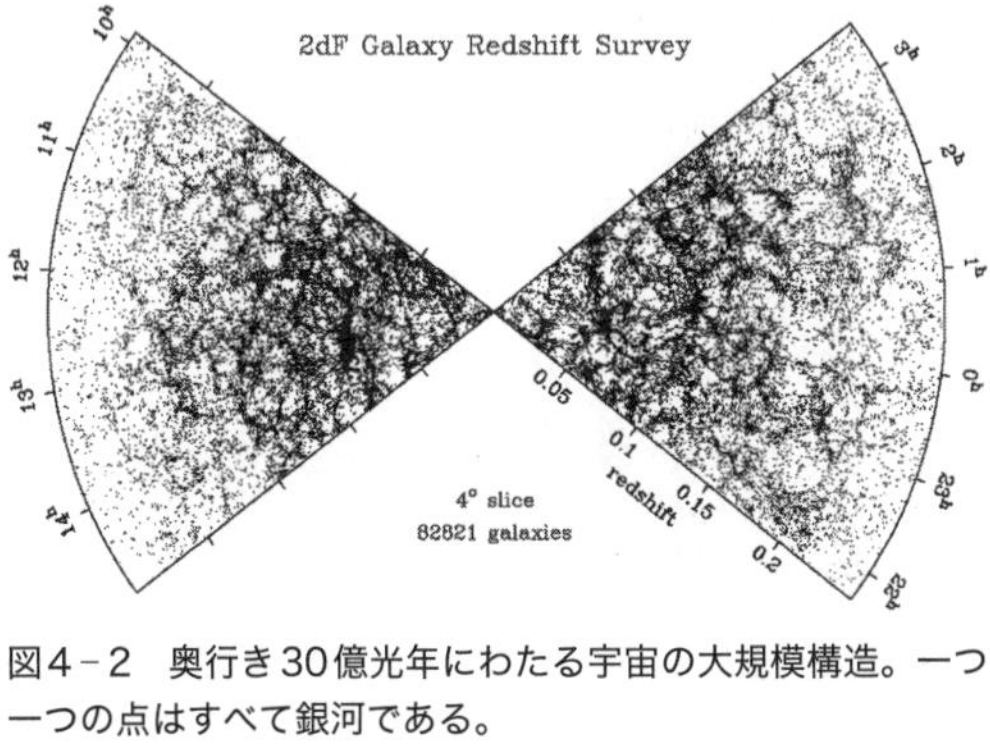

図4－2　奥行き30億光年にわたる宇宙の大規模構造。一つ一つの点はすべて銀河である。

る。そのためまず小さなハローから先にできて、さらにそれらが合体を繰り返してより大きなハローに成長していく。こうして、やがて銀河スケールのハローが登場し、さらには銀河団や宇宙の大規模構造につながっていく。そして暗黒物質ハローの中では星々が誕生する。それは銀河の誕生でもある。

星と銀河の誕生

暗黒物質ハローができるとき、暗黒物質の5分の1程度の量の通常物質も同じようにハローに取り込まれる。こちらは、ハローの中に落ち込んだ際に重力エネルギーが熱に転化して、熱によるガスの圧力でハロー内の重力と釣り合っている。このままだと、暗黒物質も通常物質もハロー内で安定に存在することになり、何も起きない。だが、通常物質が暗黒物質と異なるのは、冷却によって冷えてしまうことである。原子核や電子、あるいはそれらが結合した原子はさまざまなプロセスで電磁波を放射する。それはつまり、エネルギーを失うということでもある。そのため通常物質はじわじわとエネルギーを失い、温度が下がってくる。温度が下がると圧力が下がり、重力を支えきれずにハローの中心部へ向かって収縮し、さらに密度を高めていく。そしてここが面白いところだが、重力で収縮すると、放射で失ったエネルギーを上回る重力エネルギーが新たに熱に転化するため、温度は逆に高くなっていく。

これを繰り返すことで、通常物質はハロー中心部にどんどん集中し、密度と温度を高めていく。やがて、恒星のエネルギー源である核融合反応が起きるほど高温・高密度になったとき、核融合が点火され、それをエネルギー源として自ら輝く「恒星」が誕生する。宇宙最初の星は、おそらくこのようにしてできた。

一方、暗黒物質ハローは周囲からさらに物質を引き寄せたり、他のハローと合体することで成長していく。そして一つの大きなハローの中のあちこちで、通常物質ガスの収縮が起こり、多数の星が生まれるようになる。銀河の誕生である。この成長は１００億年以上という長い時間をかけて、我々の住む銀河系のように、一つの巨大なハローの中に１０００億個もの星が存在するようなシステムになるまで続く。いや、現在の宇宙でもまだ銀河の成長は続いているというべきである。さらに大きなスケールで、多数の銀河が集まった銀河団まで誕生する。そして宇宙に生まれた膨大な数の銀河の中では、膨大な数の星が新たに生まれ、燃え尽き、星間ガスに還るという営みが延々と続けられている。その星々のドラマこそ、本書後半のメインテーマである。

第五章　星々を輝かせるもの

星はなぜ輝き、そして輝き続けていられるのか

本書のテーマである星の「爆発」に筆を進める前に、普通の星、つまり恒星とはどのようなもので、そしてなぜ輝いているのかをここで説明しておこう。光のかたちでエネルギーを周囲に放つという意味では、恒星の輝きも、超新星などの星の爆発も同じである。だが、恒星の輝きは「爆発」という概念とはむしろ対照的である。例えば太陽は誕生してから100億年という長い間、安定して輝き続ける。重たい星ほど寿命が短くなるが、太陽の10倍も重たい星であっても1000万年以上の寿命を持つ。これに対して、星の最期の大爆発はといえば、超新星は1ヵ月ほどの間に明るくなって、その後消えてしまう。ガンマ線バーストに至っては、わずか数十秒という短さである。

「爆発」というものの一つの本質は、そのエネルギーをコントロールできず、短時間で一気に解放されてしまうということであろう。化学薬品が誤って爆発したり、原子力発電が暴走したりするなどの現象を思い出せばよい。ダイナマイトや爆弾は、その発火のタイミングこそコントロー

ルされているとはいえ、爆発が起こってからはコントロールが利かない。むしろコントロールが利かないということが、爆発の定義の一つともいえるであろう。

一方、ガスコンロで料理を加熱したり、正常に動作をしている原発では、エネルギーの安定した解放が実現している。恒星の安定した輝きと、星の最期の大爆発の違いもまた、本質的に同じといってよい。では、夜空に輝く星はどのように安定し、コントロールされたエネルギーの解放を実現しているのであろうか？

実は星座を知らない天文学者

ここで少し余談となるが、最先端の天文学に挑むプロの天文学者にとって、星とはいかなるものであるか、お話ししておこう。天文学者と聞いて世の人がステレオタイプ的に思い浮かべるのは、いつも望遠鏡を覗き込んで星を眺めていて、また、当然ながら星座にも詳しいといったものであろう。だが、実際はかなり異なっている。たしかに、小さい頃は天文少年で、天体望遠鏡でよく星を見て、したがって星座にも詳しいという人は、一般社会に比べれば割合としては多いだろう。だが、それが多数派というわけでもない。

例えば私は、大学時代は天文学科ではなく隣の物理学科で、興味も星というよりはビッグバン宇宙論や相対性理論であった。現代の最先端天文学の目的は、宇宙で起きている森羅万象を主に物理学を使って解明し、理解することを目指している。宇宙物理学や天体物理学といった言葉は、もはや天文学とほとんど違いがない。実際、物理学科で宇宙を研究している人と、天文学科で研究をしている人は、どちらも同じ学会に所属し、共同研究を行っても何の違和感もないぐらい、実質的に同じ分野となっている。むしろ、巨大な物理学科の中で、宇宙を研究している人と、超伝導を研究している人では、学会も違うし、共同研究など想像もできないほど分野が離れてしまっている。

物理学を使って宇宙の諸現象を明らかにしようとする科学者にとって、星座を知っている必要はまったくない。星座を知っていることの実用的な利点として、天文観測を行う際に天球上での星のおおまかな位置をすぐに思い描けるということはあるだろう。だが大多数の天文学者にとって、肉眼で見えるような星々は研究の対象ではない。空のある領域を観測したければ、望遠鏡や人工衛星のコントロールシステムに、天球上の緯度・経度にあたる赤経・赤緯の情報を送れば済むことである。

私のキャリアのなかで星座について調べる必要があった唯一の例は、ある研究成果をプレスリリースしたときのことだ。新聞記者によると、空のどの方向を観測して得られた成果か、ということを説明するには、「おおよそ○○座の方向」といういい方をするのが定番なのだそうだ。といって、それを聞いて「ああ、○○座の方向か」とその方向を実感できる人は世の中にごくわずかであると思われるが、とにかくそのような慣例になっている。そこで、自分が研究に使った天文観測データに記録されている赤経・赤緯から、近くにある有名な星座を探す必要が出てくる。私の研究室にさりげなく置いてある小さな天球儀は、天文学の研究室っぽく見せるためのインテリアというだけでなく、このような形で密かに（ただし、ごくたまに）役立っている。

したがって私は、子どもの頃に天文少年だったわけではないし、知っている星座もオリオン座と北斗七星、そして自分の誕生月のさそり座ぐらいという有り様だ。そんな人間でも、博士号を取って最初に職を得たのは国立天文台であった。しし座流星群の頃、構内を歩いていると、天文台に遊びに来た一般の人から、「しし座はどちらですか？」と聞かれて「わかりません」と答えて怪訝《けげん》そうな顔をされたことも、今では懐かしい思い出である。

とはいえ、自分に子どもができると、せっかく父が天文学者なのだから、たまには天文台で星を見せてあげようと思うのもまた人情である。そこで国立天文台の三鷹キャンパスで行われている定例の天体観望会に、6歳の娘と行ってみたことがある。古巣であり、今でも国立天文台の各種の委員会に出たり研究会に出たりすることは多いが、その日は一般客に交じっての「お忍び」であった。星座を知らないことがバレても困るので、お忍びで通すつもりであったが、ボランティアで観望会を手伝っている学生さんに、私が所属する東大の天文学専攻の人も多く、あっさり身元が割れてしまった。

困ったのは、観望会に先立つ説明で天文クイズが出たことであった。その問題とは、その日のターゲットであるしし座の二重星アルギエバについてのものである。二重星とは、たんに空の中で二つの星が近接して並んで見えるものをいう。この中には、本当に重力で束縛されて互いのまわりを公転する「連星」もあれば、距離がまったく違うのにほとんど同じ方向に見えてしまっているだけのものもある。さて、アルギエバはどちらでしょう？　というのがクイズの問題で、さらに厄介なことに参加者は挙手をして回答しなければならなかった。私はもちろん正解を知らず、仕方ないので当てずっぽうで答えたら案の定間違えた（同じく当てずっぽうで答えた娘はなぜか正解した）。東大の天文学の教授でも答えられないクイズが出るとは、さすがに国立天文台の観望会であった。娘に対する父の権威がしばらく崩壊したことはいうまでもない。

恒星のエネルギー源

少々脱線しすぎたようだが、本題にかえって「恒星のエネルギー源は何か？」という問題を考えよう。実は、もっとも身近な恒星である太陽のエネルギー源という、極めて基本的なことを人類が理解したのは、人類の長い歴史の中でもごく最近のことである。17世紀に近代的な物理学が確立し、エネルギーという概念が数学的に厳密に定義された。そうなると、我々にとってもっとも根源的なエネルギーの供給源である太陽のエネルギー源は何なのか、という問題は当時の人々にとっても大きな関心の対象であったことだろう。

万有引力の法則から、太陽の質量はわかっていた。その質量を生かしてどうやってエネルギーを生み出すか。当時の物理学の知識ですぐに思いつくものは二つ、化学燃焼エネルギーと重力エネルギーである。化学燃焼エネルギーは、すでに述べたとおり、石炭や石油など物質を化学燃焼させて発生するエネルギーであり、太陽でも何らかの物質が燃焼してエネルギーを出していると考えるのは、最初のステップとして自然であろう。

だが、化学燃焼で発生するエネルギーは1原子あたりでいえば、ざっと1電子ボルト程度でしかなかった。太陽の質量から、太陽を構成する水素の原子数はすぐに出せるから、太陽の総質量を化学燃焼させた場合に発生するエネルギー量はすぐに計算できる。ざっと10の38乗ジュールといったところである。一方、現在の太陽の明るさから、太陽が毎秒で放出するエネルギー（光度）もわかっている。エネルギーを光度で割ってやれば、太陽が輝いていることができる時間、つまり寿命が計算できる。化学燃焼を想定してこの計算をしてみると、結果はわずか数万年にしかならない。地質学などの研究から、地球はそれよりはるかに長い歴史を持っていることは当時からわかっていただろうから、化学燃焼説が成り立たないことはすぐにわかったことであろう。

もう一つの重力エネルギーも、万有引力の法則やニュートン力学が確立した時点ですぐに候補として想定されるエネルギー源である。モノを高いところから落とせば、地面に向かって運動速度、つまり運動エネルギーを獲得する。それが地面にぶつかれば、モノを壊したり加熱したりする。水力発電によって電力エネルギーが発生する源はこの重力エネルギーである。一方、先に述べた化学燃焼エネルギーは火力発電にあたる。

太陽を作る膨大なガスは、かつて、星間空間に漂う希薄なものであった。それが重力によって集まり、太陽というガスのかたまりが誕生したわけだが、これは高いところからモノを落として地面にぶつけたことと本質的に同じである。太陽の中心に向かって落ち込んだガスはまず運動エネルギーを獲得し、それが太陽中心のガスと激突して、熱エネルギーに転化する。したがって誕生した時、太陽は解放された重力エネルギーに起因する熱エネルギーを抱えていたことになる。これが、現在の太陽の輝きの源なのであろうか？

残念ながら、この重力エネルギーも太陽のエネルギー源としてはまったく不足していることは、大学初等レベルの物理学ですぐにわかる。太陽の質量をM、半径をR、ニュートンの重力定数をGとして、重力エネルギーはGM^2/Rで与えられる。これを計算すると10の41乗ジュールほどで、先ほどの化学燃焼エネルギーに比べれば1000倍ほど大きい。だが、現在の太陽の明るさで割れば、輝くことのできる期間はせいぜい数千万年となり、地球や太陽系の年齢である46億年には遠く及ばない。

19世紀以前の物理学の知識では、ここが限界であった。それ以上いくら考えても、当時の知識では太陽のエネルギー源を理解することなど、どだい無理な話であったのだ。太陽のエネルギー源は、20世紀に入ってようやく人類が初めて知った、まったく新しい物理現象である「原子核反応」だったのである。第二章で説明したとおり、化学燃焼と核燃焼とでは、1粒子あたりに発生するエネルギーが1電子ボルトと1メガ電子ボルト、すなわち100万倍の違いがある。同じ質量のものが燃えても、核反応は化学反応の100万倍のエネルギーを生み出せる。化学反応で今の太陽の明るさを維持できるのは数万年だった。核反応であればこれが100万倍、つまり数百億年にわたって明るさを維持できることになる。今の太陽系の年齢を上回るから、問題も解決だ。

原子核反応の世界

生み出すエネルギーの総量としては問題は解決したわけだが、それではどのようにして太陽の内部では核反応によってエネルギーが生み出されるようになったのだろうか。我々の身の回りのさまざまな現象のほとんどは化学反応であり、原子核反応は原発や核兵器といった特殊な環境下に限られる。原子核反応が起きるための条件とは何か。ここで、原子核反応というものについてもう少し詳しく説明しておこう。

原子核とは、多数の陽子と中性子が結合したものであった。原子核の種類の違いとはすなわち、結合している陽子と中性子の数の違いである。陽子や中性子が結合するのは、これらの粒子の間に働く核力が引力として作用するからである。重力に引かれて二つの物体がぶつかるとエネルギーが発生するのと同じで、核力で陽子や中性子が結合しても、やはりエネルギーが出る。いいかえれば、陽子や中性子が結合して原子核となっている状態は、それらの陽子や中性子がバラバラで存在している状態に比べてエネルギーが低い（そしてその分、質量が小さい）。この差分のエネルギーを結合エネルギーと呼んでいる。より強く結合した原子核ほど、エネルギー状態が低い（結合エネルギーが大きい）。

原子核反応とは、原子核中の陽子と中性子の数が変わり、したがって原子核の種類が変わる反応といえる。反応によりエネルギーの低い状態、つまり結合エネルギーが大きい原子核に変われば、反応前に持っていたエネルギーの一部が余り、外に放出されることになる。原子核反応のエネルギーを利用するには、そのような方向に起きる反応でなければならない。

世の中にはさまざまな原子核が存在する。プラス１の電荷を持つ陽子の数が同じであれば、電荷を持たない中性子の数が多少異なっても、原子核が持つプラスの電荷量は変わらない。この場合、原子核がまとう電子の数や構造もほとんど変わらず、そのため化学的性質はほとんど同じになる。それらは原子核力ではなく、電磁気力によって支配されているからである。そこでこれらをまとめて一つの「元素」と定義し、中性子数の違うものは「同位体」と呼ぶ。ただし、陽子と中性子の数の比率はなんでもいいというわけではなく、原子核には陽子と中性子の数をなるべく同じにしようとする性質がある。そのため、自然界に存在する原子核では、陽子と中性子の比率はだいたい1：1に近くなっている。

元素の周期表に見られる、自然界に存在する元素の数はざっと百程度。中性子の数が違う同位体も含め、すべての原子核の種類を数え上げると数千にも及ぶ。これら膨大な数の原子核種の結合エネルギーにはどのような性質があるのだろうか。実は、すべての原子核の中でもっとも結合が強いのは、我々に身近な元素でもある鉄（Fe）である。陽子26個と中性子30個が結合したものだ。鉄は我々にとって有用な元素であると同時に、数千に上るすべての原子核種のなかのチャンピオンともいえる存在なのだ。

原子核の大きさは、中に含まれる陽子と中性子の総数で決まる。むろん、数が大きければ原子核も大きくなる。56個が結合した鉄が最大の結合エネルギーを誇り、それより小さな原子核、あるいは大きな原子核は鉄に比べて結合が弱い。これが、核融合と核分裂という原子核反応の二つのトレンドが生じる所以である。もっとも軽い水素原子核（＝陽子）はいうまでもなく、炭素、酸素、窒素といった身近な元素はたいてい、鉄より小さく軽い。これらは合体してより重い原子核になったほうが、結合がより強くなってエネルギーを外に放出する。これが核融合である。一方、自然界にはわずかながら、ウランやプルトニウムなど、鉄より重い元素も存在する。これらは逆に、分裂して軽い原子核になる時にエネルギーを放出する。これが核分裂ということになり、原子力発電所で使われているのはこの反応である。

ビッグバンで宇宙が生まれた直後から豊富に存在していたのは、もっとも軽い二つの元素である水素とヘリウムのみである。そこから核反応でエネルギーを取り出すには、必然的に核融合反応ということになる。とくに、もっとも豊富に存在する水素原子核4つを融合して、ヘリウムに変える核融合反応がもっとも基本的で重要である。太陽を含め、多くの星のエネルギー源はこの反応なのである。そして星によっては、さらに重い原子核を生み出す核融合反応を起こすものがあり、最終的に鉄にまでたどり着く。だが、鉄はもっとも結合エネルギーが強く安定した原子核なので、それ以上はどう原子核を組み替えてもエネルギーを取り出すことはできない。むしろエネルギーを失うばかりである。つまり、核融合だろうが核分裂だろうが、鉄はもはや核反応ではエネルギーを取り出すことができない、いわば「燃えかす」である。

水素とヘリウムをのぞいて、残りのより重たい元素を天文学ではまとめて「重元素」と呼んでいる。原子番号1番と2番の水素とヘリウム以外はすべて重元素とまとめてしまうのも乱暴な話で、よく冗談で「1、2、3、たくさん」といった数え方をすることがあるが、天文学における重元素はさらにひどく、「1、2、たくさん」と数えるようなものだ。個人的には天文学のこの「いい加減さ」はきらいではない。ただ、ビッグバンでできたものが主流である水素・ヘリウムと、ずっと後の時代に星の中で作られたものが主流となる「重元素」を分けるという意味では、宇宙論の観点からも理にかなっているのである。

この「重元素」は、すべての元素のうち、質量パーセントでいえば2％ほどを占めている。その大半を、鉄およびそれより軽い元素が占めており、それはまさに、星の中の核融合反応で生成されるのは鉄までであるという事情を反映している。しかし一方、自然界には鉄よりも重い元素もたしかに存在する。その量は、全重元素のうちのわずか1万分の1といったところであるが、微量であっても存在する以上、どこでどのようにそんな元素が作られたのか、というのが問題となる。これについても後の章で触れていくことになる。

核融合炉としての太陽

前節のように原子核反応を説明してしまうと、核反応からエネルギーを取り出すのはいとも簡単なことのように錯覚してしまうかもしれない。だがもちろん、現実に原子核反応を起こすことは容易ではない。核融合反応を難しいものにする最大の要因は、電気の反発力である。学校で習うとおり、プラスとプラスといった同じ電荷を持ったものの間には反発力が働く。すべての原子核は陽子に起因するプラスの電荷を持っているから、原子核同士をぶつけて核融合反応を起こすためには、この電気的反発力を乗り越えて両者を接近させなければならない。そのために逆にエネルギーが必要となるのである。この障壁を乗り越えて、核融合反応さえ起こしてしまえば、電気的反発力を乗り越えるために必要なエネルギーをはるかに上回るエネルギーが得られる。つまり、採算は取れる。石油や石炭でも、手にしてしまえばエネルギーを得ることは容易であるが、それらを発見し、採掘するには資本や労力、エネルギーが必要であるのと同じである。

では、太陽などの恒星はどのようにして、この電気的反発力の障壁を乗り越えて核融合反応を実現しているのであろうか？　その秘密は、星の中心部で実現される高温と高密度にある。密度が高いということは、それだけ周囲に他の原子核が多く、原子核と原子核が衝突する反応も起きやすいということだ。そして高温ということは、粒子が飛びかう運動エネルギーが大きいということなので、そのエネルギーを使って電気的反発力の障壁を乗り越えて原子核同士が接近し、ついに核反応を起こすことができるようになる。

星の中心部で原子核反応が可能となる理由は、概ねこのような説明で誤りではないが、一つだけ、まだ重大な点が抜け落ちている。実は、星の中心部の温度がいかに高い（太陽では約１５０

0万度）とはいえ、その温度で原子核が持っている運動エネルギーは、乗り越えるべき電気的反発力の障壁に比べればまだ低いのである。では、なぜ原子核反応が起きているのか？

この謎は、高校や大学教養課程で学ぶ、いわゆる古典的な物理学では解くことができない。ここには、量子力学で登場するあの有名な「トンネル効果」が一役買っているのだ。古典力学では、粒子の運動エネルギーがある障壁を乗り越えるのに必要なエネルギーに達していなければ、その障壁を乗り越える可能性は未来永劫ありえない。だが、粒子が波としての性質も持つ量子力学の世界では、粒子が波として障壁の中を伝わり、一定の確率で障壁を乗り越えて（いや、くぐり抜けて、というべきか）しまう。これがトンネル効果だ。太陽の中心部における温度と密度に、このトンネル効果を考慮した量子力学的な計算をして初めて、今の太陽の明るさに対応する核融合反応率が導かれる。それが、太陽の明るさ、つまりエネルギー源に関する物理学の解答である。

太陽中心でのエネルギーの生成から太陽光へ

それでは、太陽の中心部で起きている核融合反応についてもう少し詳しく見ていこう。すでに述べているとおり、これは水素（陽子1個）をヘリウム4（陽子2個と中性子2個が結合した原

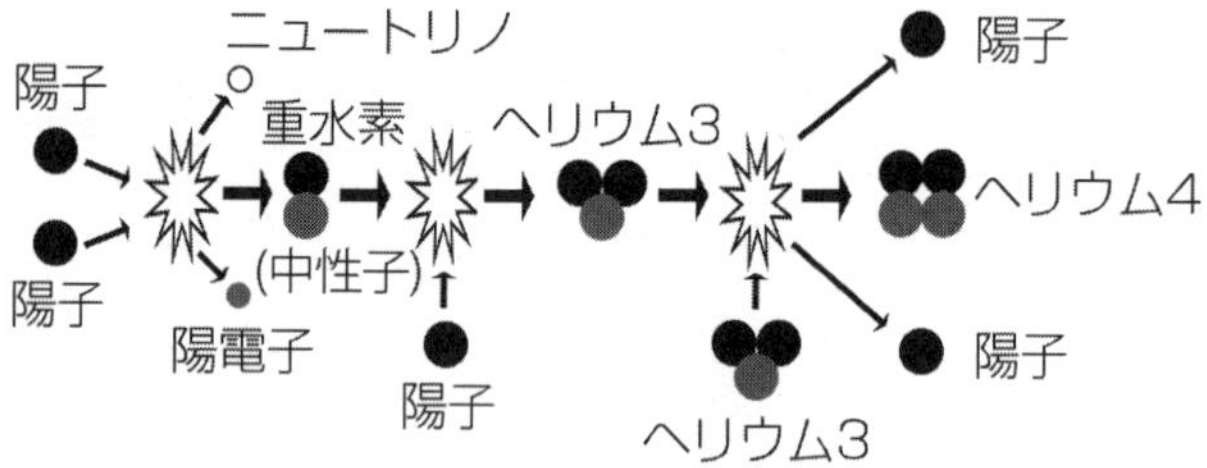

図5－1　太陽中心部での核融合反応の一例

子核）に変える反応である。出発点が水素なのは、これが宇宙にもっとも豊富に存在する原子核であることからも当然だ。ヘリウム4も豊富に存在するが、これを核融合で燃やすにはさらに高い温度が必要になる。

では、なぜ終着点がヘリウム4という4つの核子（陽子と中性子の総称）なのか。2つや3つの核子でできた原子核でもよさそうだ。実際、水素とヘリウム4の間には、その中間の大きさの原子核である重水素（陽子1個、中性子1個）やヘリウム3（陽子2個、中性子1個）といった原子核があるし、ヘリウム4より少し重い原子核としてはリチウム7（陽子3個、中性子4個）やベリリウム、ボロン（ホウ素）もある。高校の化学で「スイヘイリーベ、ボクノフネ……」と語呂合わせで覚えた人も多いであろう、あの元素の周期表の最初のほうの元素たちである。なぜ、ヘリウム4になる核反応がとりわけ重要なのか。

その理由は、ヘリウム4がこれら軽い元素群の中では群を抜いて結合が強く安定した原子核だからである。太陽の中心部では、実際、へリウム3やリチウム、ベリリウムといった元素も核融合反応の過程で一時的に生み出されるが、最終的にはもっとも安定なヘリウム4に落ち着くことになる。ちなみに宇宙誕生直後、ビッグバン元素合成で生み出される元素で、水素についで多いのがこのヘリウム4であるのも、同じ理由である。

ちなみに核反応において、陽子と中性子の総数は必ず保存するのが物理学の鉄則である。というわけで、太陽の中心部で物理学がやらねばならない作業は「水素原子核（陽子）4つのうち、二つを中性子に変えて、それらをまとめて一つの粒子にする」というものである。抽象的にいえばこのように簡単になるのだが、実際にどのようなプロセスでこれが実現するかはそう単純ではない。4つの粒子を一度にぶつけて1つの粒子になるというような反応は自然界ではまず起きない。そんな確率は極めて低いからだ。実際には、2つの粒子が衝突する過程を何度か繰り返して、最終的にヘリウム4に到達する。まずは陽子2つがぶつかって、同時に一つが中性子に変わり、重水素になる。それにさらに陽子が衝突して、ヘリウム3になる。ここから先はいくつかの経路があり、ヘリウム3同士が衝突してヘリウム4を作ることもあれば、あるいは一度、より重いベリリウムやホウ素を作った後でそれらが分裂してヘリウム4に至ることもある。

そしてこれらの過程を通して、原子核の結合エネルギーの差額の分だけ、エネルギーが放出されることになる。それはガンマ線（高エネルギーの電磁波）や、陽電子（電子の反粒子）だったりする。電子ではなく陽電子が生まれる理由は、陽子を中性子に変えることに関係している。粒子の持っている電荷の総量もまた、物理法則でしっかりと保存されるようになっている。ということは、陽子が中性子に変わる際、何か別の粒子に陽子のプラス1の電荷を託さなければならない。それが陽電子というわけだ。

生成されたガンマ線はすぐに周囲のガス粒子に吸収され、最終的にガスの熱エネルギーに変わる。陽電子は、周囲にうようよと存在する、その反粒子である電子と衝突してガンマ線となり(対消滅)、やはり最終的に熱に転化する。この熱エネルギーが、太陽から放出されるエネルギーの源流となる。しかし、この源流から最終的に太陽表面を飛び立つ光となって我々に届くまでには、まだまだ長い道のりがある。

中心で生成された熱エネルギーが太陽の表面にまで運ばれるメカニズムは簡単である。我々の身近な現象でよく見られるように、熱というのは温度の高いところから低いところに流れる(むしろそれが温度の定義といってもよい)。太陽の中心部における1500万度という高温から、太陽表面の6000度まで、太陽内部の温度は一貫して外に向かって下がり続ける。この温度の傾きにより、エネルギーは川の流れのように外側へ向かって運ばれるのだ。ただ、それはそう短い時間で起こるものではない。

太陽の内部は、水素、ヘリウム、電子といった粒子だけでなく、その温度に応じた光にも満ちあふれている。光はこれらの中でもっとも速く、むろん光速で飛びかっている。太陽の半径は70万㎞であり、光速で移動すればわずか2・3秒で通過する距離である。だが、中心部で生み出された光はまっすぐに外に出てこられるわけではない。わずか1㎝進むたびに周囲の物質に散乱されたり、一度吸収された後でまた生み出されたりする。これを途方もない回数繰り返して、じわじわと外側に拡がっていく。酔っ払った人が道をでたらめに行ったり来たりしながら、徐々に出発点から離れていくことを想像すればよい。また、太陽の外側30％は対流層と呼ばれている。鍋で味噌汁を沸かすときのように、下の方にあるガスがあたためられて上昇し、逆に上にある冷たいガスは沈み込んで、対流層全体がかき回されている。ここでは、中心で生み出されたエネルギーはこの対流によって外に運ばれる。

そのようにして運ばれたエネルギーは最後に、太陽表面から光として宇宙空間に放出される。この「表面」とはなんであろうか？　太陽はすべてがガス（気体）でできており、外に向かって徐々に密度が下がっていくのであって、地球の地表面や海面のような、固体や液体から気体（大気）に変わる明確な表面が定義できるわけではない。だが、外に向かってどんどん密度が下がっていくと、「ここから放たれた光は周囲の物質に邪魔されず、直進して宇宙空間へ飛んでいく」という境界を定義できる。これが、太陽の光が外に放たれる「表面」であり、専門用語で「光球」という。我々が目にする太陽の大きさは、この光球の大きさということになる。

こんなわけで、光が太陽の表面から飛び出したときには、その光エネルギーが太陽の中心で生み出されてから実に百万年といったスケールの時間が経っている。ちなみに、信濃川《しなのがわ》の源流を出発した水が日本海に流れ込むまでに約5日だそうだ。今、地球に降り注いでいる太陽の恵みのエネルギーは、百万年ほど昔に太陽中心部の核融合で作られたものなのだ。もし今、核融合反応が何らかの理由で突然止まったとしても、その影響が表面に現れるには、やはり同じぐらいの時間がかかるはずである。

ニュートリノ——核融合反応の確たる証拠

では、今現在、太陽の中心部で起きている核融合反応を直接確かめる術《すべ》はないのであろうか？ この点、宇宙と物理法則を作った神様がいるとすれば、我々にとって親切な神様だったようである。この宇宙に、それを可能にさせるものをちゃんと我々に恵んでくれていた。それがニュートリノである。太陽中心部の核反応において、陽子と中性子を結合させるのは原子核力、あるいは自然界の四つの力の中では「強い力」と呼ばれるものだ。しかし、水素をヘリウム4に変えるにはそれだけでは足りず、陽子4個のうち2個を中性子に変える必要がある。この「陽子と中性子」という、核子の種類を変えることができるのは別種の力である「弱い力」である。

この「弱い力」によって陽子が中性子に変わるとき、電荷を保存させるために陽電子が一つ作られると同時に、1個のニュートリノも生み出される。素粒子の一般的な性質として、何もないところから一つの粒子だけを生み出すことは難しい。このニュートリノという粒子は、素粒子論的には電子とペアを組んだ存在である。そして、陽電子（電子の反粒子）を生み出すときは、同時にニュートリノも生み出すことでバランスを取ろうとする。電子を生み出すときには、今度は逆に反ニュートリノ（ニュートリノの反粒子）も生まれる。

このニュートリノは電荷を持っていない。つまり、電荷によって作用する「電磁気力」を受けない。「強い力」もニュートリノには働かない。ニュートリノに働くのは「弱い力」と「重力」だけだ。この「弱い力」はその名のとおり、「電磁気力」や「強い力」に比べて桁違いに弱い。いや、「桁違い」という言葉ではまったく不十分だろう。力の強さを数字にすれば、10桁、20桁というレベルで弱いものである。

「力」というのは、粒子に作用してその方向を変えるというのが元の定義であるが、より一般化すれば、素粒子と素粒子の間の相互作用である。その相互作用が弱いということは、周囲にどれだけ他の粒子があろうがおかまいなしに、分厚い物質を直進して突き抜けることを意味する。力の「弱さ」とは、物質を突き抜ける透過力の「強さ」でもあるのだ。

そのため、生み出されてもすぐに周囲の物質に吸収されるガンマ線や陽電子とは異なり、ニュートリノは一度も吸収も散乱もされずに直進し、地球にまで届く。ニュートリノはわずかに質量を持つが、太陽中心で生み出されたニュートリノの運動エネルギーに比べてごく小さなものなので、実質的に質量ゼロの粒子として振る舞う。つまり、その飛行速度はほぼ光速である。そして地球に到達しても、地球の物質との相互作用も弱いのだから、地球もまた通り抜けて、やがて無限の宇宙の闇の中へ飛び去っていくことになる。

ただ、弱いといってもその相互作用はまったくのゼロではない。膨大な数のニュートリノが地球を通り抜けるなかで、ごく稀に物質と反応を起こすものが出てくる。これを利用して、太陽ニュートリノを捕らえるという実験が行われている。歴史上最初に行われたのは、1970年頃のアメリカである。600トンという巨大なタンクに塩素を含む物質を満たしておくと、一日に1回程度、1つの塩素原子核がニュートリノと反応を起こす。太陽中心部では、陽子が中性子に変わることでニュートリノが出るのであった。その逆で、ニュートリノが吸収されると、今度は塩素原子核の中の中性子の1つが陽子に変わる。結果、その原子核はもはや塩素ではなく、原子番号が1つ増えたアルゴンになる。しばらく経ってから、タンク中でどれだけの塩素がアルゴンに変わったかを測定すれば、たしかにニュートリノが飛来していることを確かめられるのだ。

こうした実験は、たしかに今、太陽の中心部で核融合反応が起きていること、そして、太陽のエネルギー源が核融合であることの疑いようのない証拠である。さらに、これは事前にはまったく予想されていなかったことであるが、素粒子物理学にも大きな革新をもたらした。奇妙なことに、測定された太陽からのニュートリノは、太陽の明るさから推定される量の半分程度しかなかったのである。

これをどう解釈すればよいであろう。太陽の中心で発生した光が太陽表面に到達するまでに百万年もかかる、という話を覚えておられる読者は、例えばこういう仮説を立てるかもしれない。「百万年程度の時間スケールで、太陽中心部のエネルギー発生率は変動している。百万年前は、現在よりエネルギー発生率が二倍ほど高かったのだ」、と。面白い仮説である。だが、百万年のスケールで太陽が二倍も明るさを変えるようなことがあれば、地球に重大な影響があるはずである。地球科学の知識からは、地球の歴史にそのような兆候はまったく見られない。

現在では、この「太陽ニュートリノ問題」はまったく別の素粒子物理的なメカニズムで解決されたと考えられている。ニュートリノのわずかにゼロでない質量のために、「ニュートリノ振動」と呼ばれる現象が起き、飛行中にニュートリノの種類が変わる。太陽から生み出されるのは電子ニュートリノと呼ばれるタイプだが、ニュートリノには他にμ《ミュー》型、τ《タウ》型が存在する。地球に到達するまでの間に、それら別の種類のニュートリノに化けたために、検出器でとらえることができず、一見、数が減ったように見えたというのである。太陽のエネルギー源についての研究が、素粒子の質量という想定外の発見につながったことになる。

安定の100億年

本書のテーマは「爆発」であるが、一方で太陽のような恒星は、その対極に位置する存在である。太陽のように、水素を燃やしてヘリウム4にすることで輝いている恒星をとくに主系列星と呼んでいるが、このタイプの星の重要な特徴は、なんといってもその寿命の長さなのだ。太陽の場合、主系列星として輝き始めてからすでに46億年。太陽の主系列星としての寿命は約100億年と見積もられるから、あと54億年ほどは輝き続けることになる。その間、ほとんど明るさは変わらない。太陽とは、100億年の長きにわたり安定してエネルギーを外に供給し続けるという、宇宙の中でも稀な、極めて安定したエネルギー解放現象といえる。そしてこの安定したエネルギー源があったからこそ、生命は誕生してから40億年という長い時間をかけて、人間のような高度な生命体にまで進化することができた。

これを我々にとって身近な地球の諸現象と比較してみれば、太陽の安定性がいかに優れているか、わかるであろう。地球が誕生してから現在まで、地球の姿は一度としてとどまることなく、常に変化してきた。大気、海洋、そして地殻の運動が、太陽からのエネルギーとの絶妙なバランスで存在している地球では、その気候や状態は容易に変動する。例えば何万年という時間スケールで氷期と間氷期が繰り返し訪れたり、極端な場合は全球凍結という現象まで起きる。

それでも、なんだかんだといって地球が極端な状態からまた元に戻ることを繰り返し、その中でどうにか生命が命をつないでこれたのは、極端な状態になってもそれを元に戻す働きがあったからであろう。これは「負のフィードバック」と呼ばれるものである。例えば、全球凍結した地球はずっと凍ったままのように思えるが、二酸化炭素を消費する植物が激減し、火山活動で二酸化炭素が増加すると、温室効果によって今度は気温が上がるといった具合である。

太陽の驚くべき安定性をもたらしているのも、実はこのフィードバックである。太陽の中心部で、核融合反応が何らかの理由で活発になったとしよう。より多くのエネルギーが解放され、そのエネルギーが熱と圧力に転化し、高まった圧力により中心部のガスは膨張する。膨張するということは外に向かって仕事をする（エネルギーを消費する）ということだから、温度は逆に下がる。ガスの温度と密度が下がれば、核融合反応は抑制され、元の状態に戻ることとなる。そのために核融合反応は常に安定に保たれるのだ。

フィードバックという観点からは、地球の気候を長期にわたって安定させるものと、太陽の明るさを一定に保つものは本質的に同じである。だが、そのフィードバックが効《き》き始めるまでに、地球の場合は大きな気候変動が起きてしまう一方で、太陽ではごくわずかなゆらぎが瞬く間に補整され、外から見ていると何も変化がないというところに違いがある。

だが１００億年の間、太陽の明るさは完全に一定というわけではない。１００億年という長い時間をかけて、太陽は少しずつ明るくなっていく。その原因もまた、水素がヘリウムに核燃焼するためである。燃料である水素が燃焼した「燃えかす」ともいえるヘリウムは、1粒子あたりの重さが水素の4倍もある。それが中心部にたまってくると、その重力により中心部はさらに縮むと同時に、温度と圧力がさらに上昇して重力との釣り合いを保とうとする。温度の上昇は核融合反応の効率を上げるので、結果的に太陽は明るくなるのだ。ただ、その変化は実にゆっくりとしたもので、太陽が誕生してから現在まで、46億年をかけて40％ほど明るさが増したはずである。

この推定は、「標準太陽モデル」と呼ばれる理論計算に基づいている。星全体が重力と圧力で釣り合いを保っていて、さらに中心部で生まれたエネルギーが外側に流れていくことを考慮して、物理学の法則から計算できる。理論計算というと、どこまで信頼できるのか、と不安になるかもしれない。たしかに不定性はゼロではないが、星の進化計算は実験で十分に確立した物理法則に基づいており、さまざまな天文観測によるテストもくぐり抜けてきている。専門家の間でも、信頼性は高いとされている。

ちなみに太陽の明るさの変化については、「暗い太陽のパラドックス」という面白い問題がある。上述のとおり、昔の太陽は暗くないといけないので、単純に考えれば、昔の地球は気温が低かったと予想される。ところが地球科学の研究結果によると、昔の地球はむしろ温度が高い時代が多かったことが示唆される。このパラドックスに対する明確な解答は今のところ存在しない。

だがもっとも有力な答えは、地球大気の温室効果などが強かったため、太陽の暗さを補って余りあるほど地球は暖かかったというものである。実際、太陽の明るさは10万年とか100万年ではほとんど変わらないはずであるが、地球の環境はそのぐらいの時間スケールで氷河期になったり温暖であったりと激変する。地球の平均気温は、太陽の明るさだけでは決まらないのである。

やがて訪れる終末

だが、どれほど安定であっても、エネルギーを放出し続けるかぎり、永遠というものはありえない。太陽の総質量を核融合の燃料として考えたなら、太陽は今の明るさをおよそ数百億年にわたって維持できることはすでに述べた。実際には、それほど長くは太陽の寿命はもたない。中心部の核融合で水素がヘリウムに変わり、ヘリウムがたまっていくことで星の性質が変化するためだ。安定して輝くためには、「中心部で水素→ヘリウムの核融合反応が起きている」ことが必要だが、それが崩れてしまうのだ。結果として、太陽は誕生してからおよそ100億年でその一生を終える。現在の太陽の年齢が46億年だから、残された寿命は54億年ということになる。

話は変わるが、数年ほど前、初秋の山形に立石寺《りっしゃくじ》（通称山寺）を訪れたことがある。「閑《しず》かさや岩にしみ入る蟬の声」という芭蕉の名句であまりにも名高い寺である。高く晴れた秋の空にまだ残る蟬の音《ね》を楽しみつつ、ド素人で恐縮だが、「秋空に残る蟬の音しみにけり」と一句ひねった。それはさておき、その寺の中のどこかの案内板に、以下のようなことが書いてあった。仏教における菩薩の一人である弥勒菩薩は、釈迦の次に悟りを開く（ブッダとなる）ことが約束されているが、それは釈迦の入滅後56億7000万年後だそうである。弥勒菩薩がこの世界に現れ、悟りを開いて多くの人を救済することになっているらしい。

この説明を読んだとき、私は即座に、太陽の残りの寿命を思い出した。上に述べた54億年という数字とは2億7000万年の違いがあるが、太陽の全寿命が1000億年というのも理論的な不定性がある。キリのいい数字として100億年といっている面があるから、まあ誤差の範囲といってよかろう。100億年という数字に比べればわずか3％以内という高い精度で、太陽の残り寿命と弥勒菩薩が現れるまでの時間は一致していることになる。この世のすべての生き物にとって母なる存在である太陽が燃え尽きるまさにその時、弥勒菩薩が現れて我々を助けてくれる。真面目な科学者としてはこれ以上深入りはしないが、何やら神秘的な符合として印象に残ったものである。

そのとき本当に弥勒菩薩が助けに来てくれるかはともかく、そのときまで人類が地球上に存在していられるかどうかも、実は怪しい。太陽は誕生してからこれまで、徐々に明るさを増しているわけだが、今後も似たようなペースで、水素が燃え尽きる54億年後まで明るくなっていくはずである。数十パーセントでも太陽の明るさが変わると、それは地球の気候に大きな影響を与えずにはおかない。太陽の寿命が尽きるはるか以前に、地球が人類の住めるような環境ではなくなってしまう可能性も十分に考えられる。

それでも、仮に54億年後まで人類が生き延びたとして、その時、彼らは何を見るのであろうか？　中心の水素が燃え尽きても、水素が燃えてできたヘリウムが中心部にたまっている。今度はそのヘリウムの核融合反応が進み、さらに重い原子核が生成される。核融合反応はどんどん進み、やがて、炭素や酸素といった原子核でできたコアが中心部に現れる。水素が燃え尽きた後の進化は速く、炭素や酸素のコアができるまでの時間は、１００億年に比べれば一瞬といえるような短い時間で、進化の時計の針は進んでいく。

その時、太陽の表面はどうなっているだろうか。ヘリウムなど、水素より重い原子核の核融合反応が始まると、それまで１００億年の間、ほぼ一定であったエネルギー発生率を大きく超えて、大量のエネルギーが生み出されることになる。それが、長い間保たれていた星全体のバランスを崩す。余ったエネルギーは星の表層のガスを、重力に逆らって膨らませることになる。一方、ガスが膨らむ際は、ガスの熱エネルギーも膨張のためのエネルギー源として使われる。その結果、熱エネルギーを失った表層のガスの温度は下がることになる。温度が低くなると、その表面から放たれる光の色は赤くなる。つまり、星は急激に大きくなると同時に赤くなり、赤色巨星と呼ばれる状態に進んでいくのである。

赤色巨星の大きさは、太陽のまわりの地球や火星の軌道に匹敵するほど大きく、太陽が赤色巨星になったときには地球も呑み込まれる公算が高い。もしその時まで人類が生き延びているとすれば、その時こそ弥勒菩薩の実力が試されるときであろう。

白色矮星《わいせい》の誕生

だが、この赤色巨星の状態も長くは続かない。太陽の場合、やがて核融合反応が起こらなくなるときがくるのである。恒星が安定して光り輝いているのは、核融合反応で発生する熱と圧力で、星全体にかかる重力を支えているからであった。中心部におけるエネルギー発生がなくても重力に対し星全体を支えるためには、別の力の源が必要となる。

実際、太陽系の中でも太陽以外の惑星は、自分でエネルギーを発生しなくても安定に存在している。地球の場合は、地殻やマントル、鉄を主成分とするコアの物質としての「固さ」が、重力に対抗して星を支えている。だが、燃え尽きた後の太陽の中心部における強大な重力は、そのような力で支えることはできない。

ここで登場するのが、量子力学的な効果によって生じる圧力、「縮退圧」と呼ばれるものである。量子力学についてはいろいろと一般向けの解説も数多く出ているが、量子力学の主な帰結として「実現可能な物理的状態が離散化され、エネルギーなどの物理量がとびとびの値を持つ」とか、「位置と運動量（あるいは速度）を同時に厳密な値に定めることはできない（不確定性原理）」などは有名であろう。これを、水素の核融合が終わって高密度になった恒星の中心部に適用すると何が起こるのだろうか。

まず、自然界に存在するすべての素粒子には、ボーズ粒子とフェルミ粒子という2つのカテゴリが存在するということを話しておかねばならない。2種類に分かれるといえば、例えば、電荷がプラスかマイナスか、という性質も同様である。だが、この電荷という性質は、電磁気力という一つの素粒子的相互作用に関するものでしかない。ボーズ／フェルミ粒子はそれよりさらに根源的なもので、すべての素粒子に関わる、量子力学における粒子の統計的な振る舞いの違いである。ボーズ粒子は、一つの量子力学的状態に何個でも粒子がおさまることができるが、フェルミ粒子では一つの状態には一つの粒子しか入ることができない。電子やクォーク、ニュートリノはフェルミ粒子であるが、光子はボーズ粒子である（第四章の「図4-1　素粒子の分類表」で、ヒッグス粒子を含む「力を伝える粒子」がボーズ粒子、「物質粒子」がフェルミ粒子となる）。

今考えている恒星内部の場合、電子が重要となる。この電子を含む物質を小さな体積に押し込んでいく、つまり密度を高めていくと何が起こるか。電子はフェルミ粒子なので、異なる電子がまったく同じ場所に存在することはできない。そこでなるべく互いに離れようとするが、密度が上がるとそれらの間隔はどんどん狭くなっていく。

ここで不確定性原理を考えよう。電子の位置の間隔が狭くなるというのは、粒子の位置についてのゆらぎ（不確定性）が小さくなるということだ。位置と運動量のそれぞれの不確定性の積が一定値（プランク定数）より大きいというのが、不確定性原理である。つまり、位置の不確定性を小さくすれば、その分、運動量の不確定性が増大する。運動量の大きさはその不確定性より小さくはならないから、結局、運動量が大きくなり、したがって圧力やエネルギーも大きくなる。つまり電子を含む高密度の物質は高い圧力を持つ。これは熱エネルギーとは異なり、温度がゼロの冷え切った状態でも圧力が生じる。この現象を「フェルミ縮退」と呼び、それによって生じる圧力を縮退圧と呼んでいる。

水素の核融合反応が終わり、ヘリウムを経て炭素や酸素を合成している頃の恒星中心部は、密度の上昇によりこの縮退圧が効き始めるところなのである。縮退圧が熱起源の圧力に比べて大きくなるにつれ、星は核融合反応がなくても重力に対し安定して存在できるようになる。やがて完全に縮退圧で支えられるようになると、核融合反応による新たなエネルギー生成はなくなり、内部にたまっていた余熱を放出しながら、ゆっくり冷えていくだけの存在となる。これが白色矮星である。白色矮星が誕生する頃は、赤色巨星として膨らんだ表層のガスは星の重力をふりきって、星間空間にばらまかれている。このガスが、まだ余熱で光っている白色矮星に照らされると実に美しく、色鮮やかで星雲状に拡がった天体として観測される。惑星状星雲である。「惑星状」というのは、大きく拡がっているため、昔の望遠鏡で眺めたときに、太陽系内の惑星のように拡がった天体として見えた（それに対して恒星は拡がりのない点源として見える）ということからついた名前で、「惑星」との本質的な関連はない。

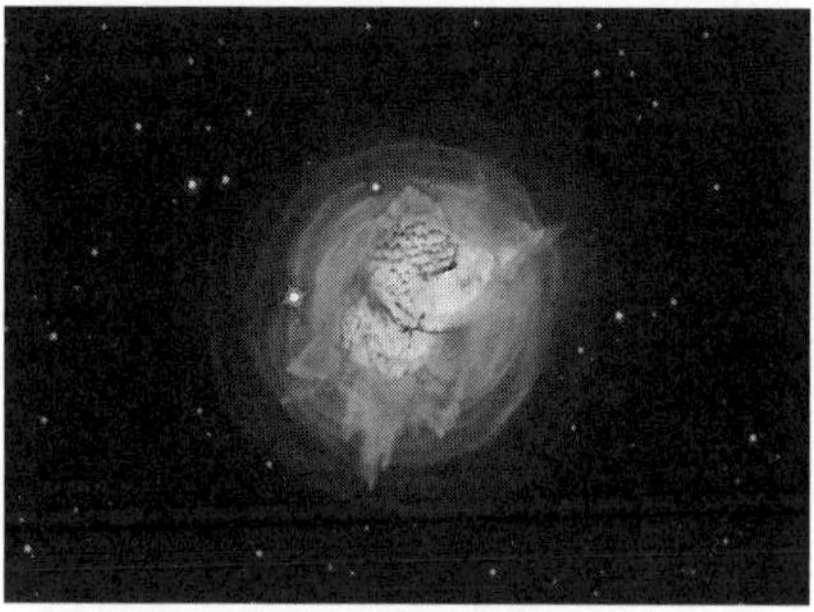

図5－2　惑星状星雲NGC7027
(NASA, ESA and J. Kastner〈RIT〉)

こうしてできた白色矮星の典型的な質量は太陽の60％ほどであるが、半径は太陽に比べてはるかに小さく、地球と同程度である。地球の半径は太陽のざっと100分の1であったから、密度でいえば白色矮星は太陽の100万倍も高いことになる。縮退圧が効くのは、このような高密度の世界なのである。

これで、太陽のような比較的小さな質量の星については語り終えたように思われる。次に、太陽よりずっと重い星の生涯について語ってゆくことになる。そのような重く、明るく、熱く、そしてはかなくも短命な星々こそ、本書のテーマである「爆発」を引き起こす、天文学における花形役者なのである。

第六章 超新星と中性子星の人類史

京都・相国寺に、その墓はある

京都駅から地下鉄で北上し、今出川《いまでがわ》駅で降りるとそこは、東西に走る今出川通と南北に走る烏《からす》丸《ま》通が交わる、烏丸今出川の交差点である。かつての天皇の住まいである京都御所の北西端にあたる。御所の北側には同志社大学があり、そこはかつて、幕末までは薩摩藩邸があった場所だ。御所の塀の道沿いに残る石垣と空堀《からぼり》が風情を添え、薩長同盟や新島襄《にいじまじょう》など、近年の大河ドラマにたびたび登場してきた場所でもある。都の東北、百万遍にある京都大学のキャンパスからは、今出川通をまっすぐ西に来たところとなる。筆者が京大に在籍していた時代、出町柳《でまちやなぎ》の自宅からよくこのあたりまでCDやDVDを借りにきたものだ。暗がりで自転車をこいでいると、危うく空堀に落ちそうになったこともある。最近、京大に出張した際には、その空堀にも今では安全のために柵が設けられ、レンタルビデオ店も時代の流れに押し流されたのか、なくなっていた。

さて、その同志社大のキャンパスの北側に、相国寺《しょうこくじ》という寺がある。臨済宗相国寺派の大本山であり、京都五山の第二位という由緒ある大伽藍《だいがらん》である。この境内の墓地に、歴史上の著名人の墓石が三つ並び、今出川通の喧噪《けんそう》から離れて静かにたたずんでいる。その三人とは、銀閣寺で有名な室町幕府第八代将軍・足利義政、江戸期の絵師・伊藤若冲《じゃくちゅう》、そして本章の主題である超新星に関連する、平安時代末期の公家であり歌人である藤原定家である。時代も身分もまったく異なるこの三人の墓が並んでいるのも、何やら不思議な感じである。そもそも、相国寺を建てたのは義政の祖父に当たる第三代将軍・義満であり、定家の時代には相国寺はなかった。

ともあれ、その定家である。一般的には歌人、とくに百人一首の撰者として名高い。だが我々天文学者にとっては、超新星という極めて重要な天体現象の解明において、時空を超えて世界史的な貢献をなした人物として強い印象を与えている。定家の書き残したものが超新星の研究に貢献をしたのは、その死後、実に一千年近くが過ぎてからであった。

つまり、定家の時代から超新星という現象は知られていたことになる。それどころか、歴史上最古の記録に残る超新星は、日本でいえば邪馬台国の時代よりさらに昔にまでさかのぼる。超新星は、古代から人類に知られてきた宇宙の爆発現象でありながら、現代の天文学でも花形役者の地位を失っていない。

超新星とはどのような現象か

定家の時代、「超新星」という言葉はもちろん存在していなかった。当時は客星《かくせい》と呼んでいたようである。ふだんないはずの星が突然現れるという意味であろう。現在、天文学用語として使われる超新星という言葉の定義は、実は私の知るかぎり厳密なものはない。「星の終末に関連した大爆発現象」とか、「一つの星が、その所属する銀河に匹敵するほど明るくなり、その状態が1ヵ月ほど続く天体現象の総称」といったところであろうか。現在では、超新星にはさまざまな種族があることがわかっているが、その中でももっとも明るい種族の一つであるIa型超新星の明るさは太陽の100億個分にもなる。我々の住む銀河系のような典型的な銀河は、ざっと1000億の星が集まってできているから、たしかに「一つの星が銀河に匹敵するほど明るくなる」といえる。

ちなみに超新星（supernova）とは、「新星（nova）よりはるかに（super）明るい」という意味である。つまり、新星と呼ばれる天体現象が別に存在する。新星とは、白色矮星と普通の星が連星を組んでいて、普通の星の表層のガスが白色矮星の重力によって白色矮星表面に降りつもる際に、核融合反応が暴走して一時的に明るくなる現象である。その明るさはざっと太陽の10万倍であり、したがって超新星は新星に比べてさらに10万倍も明るい現象ということになる。

そしてもう一つ、新星と超新星の間には重要な違いがある。新星の爆発は、白色矮星の表面の一部のガスが核燃焼を起こすだけであり、白色矮星や相手の星がなくなるわけではない。しばらくするとまたガスの降着が起こり、新星爆発も繰り返して起こる。だが超新星は、けっして繰り返すことがない。それは星そのものの状態を劇的に変えたり、あるいはバラバラにしたりしてしまう、恒星の一生における終末の現象だからである。逆にいえば、そのような現象だからこそ、定期的に繰り返す新星に比べてはるかに巨大なエネルギーを解放できるということになる。

歴史上の超新星

そのように明るい現象であるために、我々が住む銀河系の中で起きた超新星は大変な明るさになり、古くから歴史の中で記録されてきた。記録上、もっとも古い超新星は西暦１８５年、中国の『後漢書《ごかんじょ》』に残されたものである。『後漢書』とは中国の後漢朝（西暦25〜２２０年）について書かれた歴史書であり（ただし、『後漢書』自体の成立は5世紀）、倭国についての記述が有名な「後漢書東夷伝《とういでん》」で我が国でもおなじみのものである。「後漢書東夷伝」には、西暦57年に倭国からの使者に対して光武帝が金印を授けたという記事に続き、2世紀後半には倭国はおおいに乱れたとある。この記録上最古の超新星が起きたのは、まさにこの倭国大乱の時代ということになる。大乱のなか、おそらく我々のご先祖様も、この突如として現れた超新星の輝きを見上げたことであろう。その時彼らが何を想ったのか、もはや知る由《よし》もない。

その後、4世紀にも二つほど、やはり中国の記録で超新星と思われるものがある。だが、それ以降はぐっと時代が下り、超新星として認められている記録は西暦1006年、1054年、1181年に起きた三例である。この比較的短い期間に出現した三つの超新星は、日本にとって特別なものである。なぜなら、これらはすべて、藤原定家が書き残した『明月記』に記録されているからである。歴史記録上の超新星は、後に出てくる16世紀の2つも合わせて8個しかないが、一つの史料でそのうち3個もの記録を残しているのは『明月記』のみなのである。また1006年と1054年の超新星の残骸は後に触れるように、現代の天文学上も重要な天体であり、今も論文が量産されている。

その『明月記』とは、藤原定家の日記である。当時の貴族は日記を残すことが多く、それが重要な史料となっていることはよく知られている。『明月記』が記された期間は、治承《じしょう》4年（1180年）から嘉禎《かてい》元年（1235年）、年齢でいえば18歳から73歳までの実に56年間にわたる。

こう書くと「あれ？」と気づかれた読者も多いと思われるが、そう、実は定家はこれらの超新星をすべて自分の目で見たわけではない。最初の2つの超新星が起きたのは、定家が生まれるより百年以上も前なのである。なぜそんなものが定家の日記に記録されたのかというと、あるとき彗星を見た定家が、当時の陰陽師・安倍泰俊《あべのやすとし》に客星（当時は超新星も彗星もみな客星とみなされた）の過去の記録を調べさせたからである。ちなみに泰俊はあの有名な安倍晴明の7代後の子孫にあたるとのことである。

そして次の歴史上の記録は一気に16世紀、場所もヨーロッパへと飛ぶ。ここで登場するのは、天文学史上に燦然《さんぜん》と輝く二人の科学者、ティコ・ブラーエとヨハネス・ケプラーである。ティコはデンマーク生まれの貴族だったが、晩年は亡命してチェコのプラハで活動した。肉眼で星を観測していた時代が終わろうとしている時、惑星の運動の正確で膨大な記録を残した観測天文学者であった。そのプラハ時代のティコを助手として支えたのがドイツ出身のケプラーであり、理論家志向の彼はティコの残したデータをもとに、惑星の運動を規定するケプラーの3法則を発見。それがニュートンの古典力学に発展し、近代科学の礎となった。そのティコとケプラーがそれぞれ１５７２年と１６０４年に発見した超新星が、望遠鏡が登場する前の歴史上の超新星の最後の２つを飾っている。別にこれらの超新星を見つけていなくても、二

図6－1　プラハに立つヨハネス・ケプラーとティコ・ブラーエの銅像

人の科学史上の地位はまったく揺るがない。にもかかわらず、さらに歴史上の有名な超新星も見つけて名前がついたというのは、神様が少々与えすぎな気もしなくはない。

ちなみにティコは1601年に他界している。プラハといえば、冥王星の惑星資格剝奪で騒ぎになった国際天文学連合の2006年の総会については先に触れた。プラハの中心街には、観光客が集まる天文時計（1410年製だから、ティコも見たであろう）があり、そこからほど近い教会にティコは埋葬されている。若い頃に、誰が優秀な数学者かということで同級生と口論になり、決闘に至って鼻を失い、生涯、つけ鼻で過ごしたという。武士や騎士ならともかく、科学者がそのような事件を起こすなど現代では想像すらできないが、これが近世の苛烈さなのであろうか。ティコの死もまたいわく付きで、ケプラーがデータを奪うために毒殺したという説まで出されていたが、現在ではたんに病死とされているようだ。プラハにはティコとケプラーが仲良く立つ銅像がある。彼ら以外にも、街中にはドップラー効果で有名なドップラーが住んでいた家とか、アインシュタインが通ったカフェなどが点在する。科学に携わる者にとり、見るべきものに事欠かぬ街であった。

実は新星（nova）という言葉も、ティコが1572年に超新星を発見した際に、それについて用いたのが最初である。現在では先述のとおり、この言葉はまったく別の種族である、もっと暗い天体現象に対して用いられ、ティコが発見したものはそれよりはるかに明るい超新星

(supernova)と呼ばれているのは、歴史の面白さというべきだろうか。

ティコの超新星は、当時の西欧の宇宙観にも衝撃を与えた。太陽系内の天体は、比較的短期間で天球上の位置を変えていくが、はるか遠方にある恒星の位置は不変である。このことから、太陽系の外側の宇宙は永久に絶対不変の静的な世界であると信じられていた。しかしティコは、この超新星が恒星同様、天球上で位置を変えないことを示した。遠方にある恒星の世界でも、突如として新しい星が生まれるという、変化のある世界であることを示したのである。

さて、これら歴史記録上の超新星たちは、当然ながら、当時の人たちが肉眼で観測したものである。ということは相当明るかったことになるが、ではどれほど明るくなったのであろうか？

これらの超新星は、すべて我々が住む銀河系の中で起きたものであり、距離にして1万光年程度のものが多い。とくに、『明月記』にも記録された1006年の超新星は歴史上もっとも明るかったとされ、その距離は7000光年程度である。この超新星はIa型であったと考えられ、星そのものの明るさとしては、太陽のざっと100億倍は明るくなったはずである。それを地球で見たときの見かけの明るさは、太陽の2000万分の1。全天でもっとも明るい恒星であるシリウスの100倍も明るく、もっとも明るいときの金星に比べても10倍以上明るかったことになる。満月と比べればその数十分の一ほどの明るさである。中国やエジプトの記録には、月の明るさの数分の一であったという記録もあるらしいが、事実ならこの超新星がとくに明るいものであったか、あるいは月と超新星の明るさの比較の不確かさであろう。いずれにせよ、天文学者でなくても容易に気づいたことであろう。

この超新星についてのエジプトの記録では、見かけの大きさが、金星の直径の数倍になったという記述もあるらしい。金星の視直径は最大で1分角（1度の60分の1）ぐらいにまでなる。これはちょうど、視力1・0で見分けられる角度なので、双眼鏡で見れば容易に金星の大きさを確認できる。千年前のエジプトでも、目のよい人なら裸眼で見分けられたのかもしれない。だが、1006年の超新星が金星より大きく見えたというのは疑わしい。表面温度が同じなら、星の明るさは半径の2乗に比例する。超新星の明るさが太陽の100億倍なら、半径はざっと10万倍といったところだろう。これを7000光年の距離から見ると、その大きさは1秒角（1分角の60分の1）以下になる。肉眼では到底、分解できない大きさである。だがもし、ハッブル宇宙望遠鏡で観測すれば、超新星が拡がって見えたはずである。

さて、こうした銀河系内の超新星はどれぐらいの頻度で起きているのだろうか？　記録上の超新星を数えると、1400年間に8個である。だが現在の天文学の知識によれば、我々の銀河系ではざっと数十年に一度、超新星が起きていることはほぼ確実である。記録に比べるとだいぶ頻度が高い。この食い違いの原因の一つは、人間による記録の不完全さであろう。明るい星が突如出現しても、戦乱などで記録する余裕がなかったり、あるいは記録が失われたりということも十分にあり得る。1006年の超新星ほど明るくないものも多かったはずで、よほど高度で継続的な天文観測をしている国でなければ見落とした例も多かったであろう。そしてもう一つ、確実に影響を与えているのは星間塵による吸収である。銀河系の円盤部には星間ガスと塵《ちり》が漂っている。銀河系の中心部、あるいはその向こう側で起きた超新星の光は、そうしたガスと塵を通って我々のところまで届くことになるが、その間に塵によって吸収され、著しく暗くなってしまうのである。

1934年――「超新星」のアイデア誕生

ティコが新星（nova）という言葉を使ってから350年以上の時が流れても、人類はまだ現代でいうところの新星と超新星の区別を認識していなかった。それに気づいたのはようやく20世紀に入り、現代的な天文観測が始まってからである。新星は超新星よりはるかに頻度が高く、一つの銀河において一年で数十もの新星の爆発現象が起きている。これらのデータが蓄積されてくると、当時は一緒くたに「新星」とされていた現象は二つの種族にはっきり分かれることがわかってきた。すでに述べたように、典型的な新星に比べ、ティコやケプラーが見た超新星は10万倍も明るいのである。

そこで、普通の新星よりはるかに明るいものを別の種族として、「超新星(supernova)」という言葉を最初に用いたのは、ウォルター・バーデとフリッツ・ツビッキーによって1934年に出版された論文である。だが、この論文の凄さはたんに名前をつけただけにとどまらない。もっとも重要なのは、超新星が星の死に直結した現象であることを見抜いたことなのである。そのカギは、超新星が解放するエネルギーの見積もりだった。

超新星が可視光で放つ光の総量は、距離さえわかっていれば、見かけの明るさから簡単に計算できる。それはざっと、10^{42}［J］程度である。これは我々から見れば膨大なエネルギーであっても、星が生み出すことのできる総エネルギー量としてはけっして大きくはない。例えば、太陽が100億年の一生のうちに放射するエネルギーはこの100倍にもなる。となると、超新星で星が死ぬわけではなく、一つの星が一生のうちに100回程度、超新星としてこの程度のエネルギーを生み出してもおかしくはなさそうである。

だがバーデとツビッキーの論文の真骨頂は、その背後に隠れた真のエネルギーまでを考えたことである。これについて、彼らは以下のように二つの場合を考えて推論している。まず第一の場合として、超新星の表面の大きさは新星と同じ程度、つまり太陽の半径の数百倍ほどと考える。黒体放射である星の明るさは、半径の2乗に比例し、かつ、温度の4乗に比例する。半径が同じなのに、超新星は新星よりはるかに明るいということは、温度が高くなければならない。超新星の明るさから、その温度をざっと10万度と割り出すことができる。６０００度の太陽はそのエネルギーを主に可視光線や紫外線で放出しているが、この場合、高温の超新星はそのエネルギーのほとんどをX線領域で放つことになる。これを考慮して真に放射されるエネルギーを計算すると、10^{44}［J］となる。可視光で見えているエネルギーの１００倍で、太陽が一生かかって放出するエネルギーにほぼ等しい。

もう一つの場合は、超新星の表面温度は新星や恒星と同じと考え、超新星の明るさはその半径の大きさで説明するというものだ。この場合、超新星として爆発してから、短時間でその大きさに膨張するためには、光速の20％という驚異的な速度で膨張している必要がある。太陽程度の質量の物質が、それだけの速度で運動しているとすると、その運動エネルギーが計算でき、やはり10^{44}［J］ぐらいの数字が出てくる。どちらの可能性をとっても、太陽が一生かかって放出するエネルギーを、１ヵ月という短時間で解放するわけだ。この結果からバーデとツビッキーは、超新星とは星そのものが爆発したり消滅したりするような、星の死に関連した現象だと結論づけたのである。

ここで一つ面白いことがある。彼らは、上記の二つの可能性について、最初のものがより現実に近いだろうと述べている。その理由は書かれていない。だが現在の理解では、実は二つ目の場合のほうが、超新星の実態に近い。彼らも完璧ではなかったということだ。もちろん、この程度の話は細かいことであって、この論文の偉大さを損なうものではない。

かに星雲と1054年の超新星

超新星が、星をバラバラにするほどの巨大な爆発現象だとすると、過去の記録上の超新星の位置に、その残骸があるのではないかと考えるのは自然である。そして実際にその例が見つかるのに、そう時間はかからなかった。恒星は見かけの大きさが小さいため、望遠鏡で見てもただの点として観測されるのに対して、ぼうっと拡がって見える天体は「星雲」と総称される。その中には、惑星状星雲もあれば、銀河系の外にある他の銀河も含まれる。そうした星雲の中で、一つだけ、特異な性質を持つ星雲があった。その形状が蟹の足のようだという理由で名付けられた、「かに星雲」である。

この星雲の光を波長に分けてみる（分光観測）

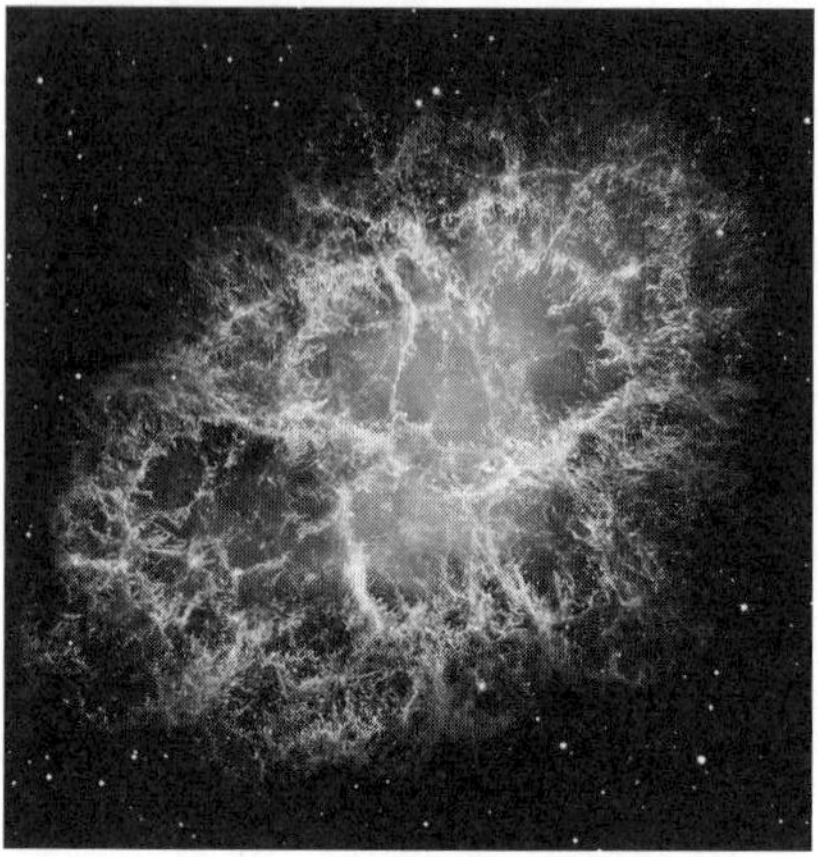

図6－2　かに星雲（NASA）

と、原子の出すある特定の波長の光（輝線）が、本来の波長のまわりに大きく拡がっているのがわかる。これは、この星雲が膨張していて、その膨張速度によるドップラー効果で、光の波長が変化して見えるためである。その速度は毎秒1000キロメートルという途方もないもので、新星の爆発などでは説明できない。さらに、1930年代の写真乾板による観測でも、星雲の大きさが年々、少しずつ拡がっていることがわかった。その拡がる速度は年間0・2秒角（1秒角は3600分の1度）である。球対称に拡がっていると仮定し、見かけの拡がりと、分光観測でわかった膨張速度を組み合わせれば、三角測量の原理で距離が割り出せる。それはざっと4000光年である。

その膨張速度が一定と仮定し、時計の針を逆に戻していくと、ある時点でかに星雲が一点に凝縮することになる。それが今をさかのぼること1000年程度と算出される。つまり、西暦1000年前後の超新星が怪しいということだ。そしてかに星雲の天球上の位置が、定家の『明月記』にも記録がある、1054年の超新星とよく一致するのである。このことから、かに星雲こそ1054年の超新星の残骸ではないかという仮説は1920年代からあった。1934年にバーデらが超新星の概念を提唱する前である。それをさらに、超新星の明るさや輝いている時間などの定量的な議論で深め、決定的としたのが1942年、ヤン・ドイフェンダック、ニコラス・メイオール、ヤン・オールトらの論文である。

彼らは「客星」の位置だけでなく、明るさや観測時期の情報が含まれる歴史記録を詳しく参照した。メイオールとオールトは天文学者であるが、ドイフェンダックは中国学者である。その記録とは中国・北宋のものと、もう一つが『明月記』であった。主に参照されているのは残念ながら『明月記』ではなく、北宋のほうだ。当時の首都は現在の開封《かいほう》市で、観測もその付近で行われたものだろう。宋の正史『宋史』には「1054年の7月4日に出現した客星が、1056年4月17日まで見えていた」ということが記録されている。さらに、『宋会要』には「出現時は金星のように明るく、昼間でも見えて、23日後に見えなくなった」ことが記されている。

もっとも明るいときの金星（シリウスの10倍ほどの明るさ）は、たしかに昼間でも見える。このこととかに星雲までの距離から、超新星がもっとも明るいときの絶対光度が割り出せる。そしてこれより少し暗くなると、もう昼間では人間の目には見えない。1054年の超新星も23日かけて、この程度の減光をしたことになる。さらに記録によれば、1年9ヵ月ほどで、夜でも見えないほど暗くなった（肉眼で見えるギリギリの星は6等星、シリウスの1000分の1の明るさ）。ほぼ2年にわたる超新星の明るさの変化が定量的に絞り込めたわけだ。1942年当時、すでに銀河系外の銀河で起きた超新星の明るさの変化は詳細に観測されていた。それらと比較すると、1054年の「客星」の明るさの変化は、超新星によく似ていることがわかったのである。

では、『明月記』に記された、京都における観測記録はどのような情報を与えたのだろう？『明月記』に書かれているのは、「天喜《てんぎ》2年4月（旧暦）中旬に客星が現れ、大きさ歳星《さいせい》（木星）のごとし」という内容である。面白いのは、この旧暦4月中旬というのは天文学的にあり得ない点だ。この時期は、かに星雲の方向は太陽と重なっていて、見えるはずがないのだ。そこでドイフェンダックは、これが「5月中旬」の誤りだろうとした。その場合、『明月記』の観測時期は、北宋での観測の10日ほど前となる。このときの木星の明るさはシリウスと同程度だから、そこから10日ほどかけて、最大光度に達したことになる。この、初期の明るさの立ち上がりもまた、銀河系外で観測されていた超新星の類例とよく合う。これらのことからメイオールとオールトは、1054年の客星は間違いなく超新星だと結論づけたのである。『明月記』の価値は、月の書き間違いがあるようなので少し信憑性に欠けるものの、もっとも早い時期の観測として、発生直後の超新星が徐々に明るくなっていくところをとらえたという点にあるといえるだろう。

ところで、この1942年の論文を書いた三人は、どうして『明月記』の記録を知っていたのだろうか。上記のとおりドイフェンダックは中国学者であり、『明月記』を知っていたとは思えない。実はここには、一人の日本人アマチュア天文学者の活躍があった。その名を射場保昭《いばやすあき》という。本業は貿易商であり、その豊富な資産を元に神戸に私設天文台を作り、アマチュア天文家として活躍した。英語にも堪能で、欧米の著名な天文学者と多く親交を結んだ。その中には、太陽が中心ではない銀河系のモデルを提唱したハーロー・シャプレーといった超大物もいる。その財力を生かし、多くの海外有力研究者に美しい日本製のランタン（手さげ型のランプ）を贈り、喜ばれたこともあったようである。だが、そうした財力に頼ったやり方を快く思わない日本の天文学者も少なからずいたようで、ずいぶんと誹謗中傷も受けたらしい。人間社会のこういう部分は今も昔も変わらないようである。

　この射場が、『明月記』の中の超新星の記録を知り、それを英文で米国の雑誌に報告したのが１９３４年、奇《く》しくもバーデとツビッキーの論文と同年である。それに着目したのが、オールトらだったのである。年からわかるとおり、オールトらの論文出版の前年には真珠湾攻撃（１９４１年）により太平洋戦争が始まり、日本と米国は敵国関係になっていた。メイオールはカリフォルニアのリック天文台、ドイフェンダックとオールトはオランダのライデン大の研究者であったが、科学の論文としてはもちろんそのようなことには触れておらず、淡々と『明月記』の記録を引用しているだけである。

　後年、オールトは日本を訪れている。このオールトという人は、かに星雲に関するものだけでなく、太陽系や銀河系の構造などで顕著な業績を残した大天文学者である。１９８７年、日本発の国際賞として著名な京都賞を受賞して、京都を訪れた。その際、氏の希望で、冷泉家に残る定家自筆の『明月記』を直接見ることができたということである。その冷泉家もまた、定家の墓と同じく、烏丸今出川にある。そして、ここからまっすぐ東に2キロメートルほど先にある京都大学では、超新星やガンマ線バーストの理論研究、あるいはX線・ガンマ線による観測研究などが今も盛んに行われ、星の爆発の世界的な研究拠点の一つとなっている。

なぜ爆発？　カギは中性子星

超新星が、星の終末に起こる大爆発であることはこれでわかった。だが、どうしてそのような爆発が起こるのかは、まだ何も説明されていない。安定して輝いてきた星がなぜ、突如として爆発を起こして死んでしまうのか。超新星のなかでももっとも代表的な種族である「重力崩壊型超新星」においては、そのカギは星が重力で潰れてしまうことによる、重力エネルギーの解放である。すでに何度か述べてきたように、星が自らの重さに耐えきれず、小さく潰れてしまえば、その分だけ重力エネルギーが解放される。

では、いつ、どうして星が小さく潰れるのか？　ここで、中性子星というものに登場してもらわねばならない。文字どおり、その成分がほぼ中性子でできた星である。あのキュリー夫妻らの原子核実験において、透過力の強い不思議な粒子が見つかった。それは電気的に中性だが、陽子とほぼ同じ質量を持つ新粒子であると、ジェームズ・チャドウィックが証明したのが１９３２年である。そして驚くべきことに、「中性子星」の言葉を初めて用いたのは、そのわずか二年後の1934年、先述したバーデとツビッキーの論文であった。「超新星」という言葉を初めて提唱し、それが星の死であることのみならず、そのカギが「中性子星」であることまで正確に見抜いていたのだから、もはや感心を通り越してあきれるほかはない。

ではなぜ、中性子でできた星なら小さく、高密度にまで潰れることができるのか？　この点についで、バーデとツビッキーの論文には明確に書かれていない。だがおそらく、彼らの頭にあったのは白色矮星だろう。このような星の存在は20世紀初頭から知られていた。この星は色や質量こそ普通の星と大きく変わらないが、異常に暗い。それは半径が小さいためであり、そのため密度は太陽の100万倍も大きい。このような高密度を支える秘密が、電子の縮退圧であることをラルフ・ファウラーが見抜いたのが1926年である。電子の縮退圧の根源は量子力学におけるフェルミ・ディラック統計であり、これを量子力学の巨人であるフェルミとディラックが提唱したのも同じ1926年だから、ファウラーによる白色矮星への応用もまた神業《かみわざ》的に速かったことになる。

ただ、これほど小さく縮んだ白色矮星でも、その重力エネルギーは超新星となるにはまだ不十分である。もっとコンパクトにつぶさなければ、星全体を吹き飛ばすような爆発は起きそうにない。だが、電子の縮退圧があるかぎり、白色矮星より小さく潰れることができない。であれば、もし電子（と、その電気的パートナーである陽子）がないような星があれば、さらに高密度に潰れうるはずだ。電気的に中性である中性子でできた星ならば、それが起こりうる——バーデとツビッキーが中性子星を着想したのもおそらくは、そのような発想だったのではないだろうか。

白色矮星の最大質量

だが、さすがのバーデとツビッキーも、どのようにして中性子だけでできた「中性子星」ができるのか、そこまで見通すことはできなかった。彼らは、「星の表面で中性子が生成されたら、それらは星の中心に向かって雨が降るように落ちていくだろう、なぜなら中性子は光の圧力を受けないから」とさらっと書いているのみである。だが、これは現代の天文学の知識からすれば、あり得ないことである。たしかに、中性子は電気的に中性なので、光すなわち電磁波と相互作用はしない。つまり、星の中心から外に向かっている光によって外向きの圧力を受けることはない。だが、中心に向かって落ちる前に、周囲にうようよと存在する陽子や原子核に衝突して原子核反応を起こしてしまうので、中性子だけが星の中心に落ちていくことはない。

中性子星がこの世界に出現するためには、もう一つ、重要な物理が必要であった。白色矮星の最大質量である。太陽より軽い白色矮星は、電子の縮退圧のおかげでたしかに、未来永劫にわたり安定に存在し続けることができる。だが、それより質量が重くなっていくと、より強い圧力が必要になり、電子が持つ平均エネルギーも大きくなっていく。そして、そのエネルギーが電子の静止質量エネルギーである0・5メガ電子ボルトに近づくと、電子は相対論的に扱わなければならない。この効果を入れると、白色矮星の状態は一変する。重力に対して不安定になり、星が潰れてしまうのである。その限界の質量が、だいたい太陽質量の1・4倍程度と計算される。

この最大質量の存在を最初に指摘したのは、1929年のヴィルヘルム・アンダーソンと1930年のエドムント・ストーナーの論文である。これらは、星の内部を一様密度と仮定した簡単な解析だった。それを、星の内部構造についての力学平衡まで考慮して、より精密に最大質量を導出したのが、1931年の有名なチャンドラセカールの論文である。ちなみにチャンドラセカールは先に登場したファウラーの弟子でもあった。こう書いてしまうと、あれ？　と思う方もいるかもしれない。そう、この最大質量は現在では「チャンドラセカール質量」と呼ばれ、天文学を学ぶ学生なら誰でも一度は習うほどのものである。しかしこの経緯を知ってしまうと、アンダーソンやストーナーの名前が落ちているのは、どうにも納得しづらい。

いずれにせよ、この最大質量のために、ある程度重たい白色矮星は存在し得ず、重力のためにさらにコンパクトに潰れてしまうであろう。これが、中性子星誕生の直接的なきっかけとなる。しかし、現在ではあたりまえになっているこの考え方が、広く受け入れられるにはもうしばらく時間がかかることになった。チャンドラセカールにとって、ファウラーと並ぶもう一人の師匠であり、当時の天文学の大御所中の大御所であるアーサー・エディントンが、チャンドラセカールの結果を頑《がん》として認めようとしなかったのである。

当時、中性子星の概念はまだ知られていなかった一方で、ブラックホールの概念は知られていた（ただし「ブラックホール」という言葉が使われ始めたのは1960年代である）。アインシュタインが一般相対論を発表した直後の1916年にシュバルツシルトが発表した、アインシュタイン方程式の厳密解によれば、太陽を半径3㎞に縮めてしまえば、シュバルツシルト半径と呼ばれる、光すらも脱出できない境界が現れる。

当時の知識からすれば、チャンドラセカールの限界質量より重たい星は、潰れてブラックホールになると推測されたはずだ。そして現代の我々は、実際にブラックホールが宇宙に無数に存在することを知っている。だが1930年代のエディントンにとって、それは到底、受け入れられるようなものではなかったらしい。そのような「馬鹿げた」ことが起こらないように自然は作られているはずだ、と。だが、チャンドラセカールらの計算に間違いはない。そこでエディントンは、限界質量が存在しなくなるよう、物理学の基本法則を変えようとまで試みた。結果的にそれは、まったく無駄な努力となった。

このエピソードは、アインシュタインが宇宙の膨張を止めるために宇宙定数を導入したこととよく似ている。エディントンは相対性理論の熱心な支持者であったことでも知られる。偉大な二人の天才の思考回路にはどこか似たようなものがあったのかもしれない。ただ、アインシュタインの宇宙定数は一度放棄された後、21世紀になって宇宙の加速膨張の原因として鮮やかに復活したが、エディントンのやっていたことは復活しそうもない。やはりアインシュタインは頭一つ抜け出ていたともいえるのかもしれない。

いずれにせよ、当時の大御所であるエディントンが限界質量の存在を強烈に批判したため、チャンドラセカールらの仕事はしばらくの間、評価されずに忘れられることになる。ただ、このようにエディントンがその弟子のチャンドラセカールと激しく論争したことが、結果的に「チャンドラセカール質量」の名前に結びついたのではなかろうか。エディントンは1944年に世を去り、さらにその後、中性子星が発見されて状況が一変するのだが、そのときには人々はアンダーソンやストーナーの名は忘れており、大御所エディントンと激しく論争した弟子のチャンドラセカールの名前だけが残されたのではあるまいか。あくまで、私の仮説にすぎないのだが。アンダーソンはエストニアの天体物理学者であり、エディントンやチャンドラセカールが活動した英米圏に知られにくかったこともあるだろう。

1983年、チャンドラセカールにノーベル賞が与えられた。余談ながら、その時一緒に受賞したのは、星の中の原子核反応について功績を残したウィリアム・ファウラーであったが、これは上に登場したラルフ・ファウラーとは別人である。ついでなのでさらに余談を挟むと、このラルフ・ファウラーの夫人は、原子核のラザフォード散乱であまりにも有名なアーネスト・ラザフォードの娘だったそうだ。いずれにせよ、1983年のノーベル賞において、アンダーソンとストーナーの名はなかった（この当時、両人ともすでに故人）。だが、チャンドラセカールと同等かそれ以上の栄誉が与えられてしかるべきのように思われる。ハッブル・ルメートルの法則の例もあるし、いつか、呼称が変わる日が訪れるのかもしれない。

中性子星とは何か

そのようなわけで、「白色矮星の限界質量のために星が重力で潰れて、巨大な重力エネルギーが解放される」という真実にたどり着く条件が整っていながら、その後の研究はあまり活発に行われなかった。そして、ブラックホールになることもあるが、むしろ多くの超新星で新たに生まれるのは、ブラックホールになる寸前でかろうじて踏みとどまった「中性子星」であることも、理解されるまでにかなりの時間がかかることになる。

なぜ、寸前で踏みとどまることができるのか。そのカギは原子核物質、つまり粒子の密度が原子核の内部と同じぐらいにまで高まった超高密度物質である。そのような高密度状態では、粒子の間に「核力」が働く。原子核中の陽子や中性子をつなぎ止めている力である。こう書くと、核力は引力であるように思えるが、核力は引力にも斥力にもなる。陽子や中性子はある大きさを持った固いパチンコ玉のようなものだと思うとよい。陽子や中性子がつまった物質を縮めようとすると、パチンコ玉を袋にギチギチに詰めたような状態になり、それ以上、いくら押し込めても縮まないようになる。これが、強大な重力に対して星を支える力になる。

こうして安定に存在できるようになったものが中性子星である。もし、このような状態で陽子と電子が存在すると、縮退の効果で電子が極めて高いエネルギーを持ってしまう。そうなると、陽子と電子は反応し、電荷を持たない中性子になったほうがエネルギー的により安定になる。このため陽子がほとんどなく、ほぼ中性子でできた星になるのである。

バーデとツビッキーが提唱した「中性子星」は、その用語だけは今でも生きているが、物理的な内容は乏しいものであった。１９３９年、ロバート・オッペンハイマーらは、当時の原子核物理学の知識に基づいて、初めて現実的な中性子星の理論モデルをたてた。それによれば、太陽質量程度の中性子星の半径は10㎞程度。これをさらに３㎞にまで押し込めばブラックホールになるのだから、まさに寸前で踏みとどまっていることになる。そしてその内部の密度は原子核の中のそれに匹敵する。中性子星は一つの巨大な原子核といわれる所以である。

ちなみにこのオッペンハイマーとは、第二次世界大戦で原爆を製造したマンハッタン計画を主導した、あのオッペンハイマーである。彼は戦後、自らが作り出した原爆が実際に使われたことに罪を感じ、核兵器に対する反対運動を行ったり、米国政府による赤狩りで公職を追放されたりした。この男がマンハッタン計画に関わらず、天文や宇宙の研究を続けていれば、戦争や天文学の歴史がどれほど変わったことだろうか。

ところで、普通の原子核は大きくなると安定に存在することができない。自然界に存在する原子核で一番重いのはプルトニウムで、陽子と中性子の総数が２４０程度である。すでに述べたように、鉄より重い原子核は、分裂して軽い原子核になったほうが安定なのであり、あまりに重い原子核はそもそも存在し得ないというわけだ。では、中性子星が巨大な原子核というなら、どうしてそんなものが存在できるのだろうか。それは簡単にいえば、中性子星全体が強烈な重力で束縛されているため、分裂しようがないからである。重力は天体など大きなサイズの系ほど効くようになり、原子核や素粒子などのミクロの世界ではほとんど無視できるほど弱い。

パルサーの発見

中性子星が理論上存在しうることは１９３０年代から知られていたわけだが、それが実際に見つかるとは予想されていなかった。半径10㎞という小さな星から予想される明るさは、とても検出できるものではないと考えられたのである。そんな人間の予想（というか思い込み）が見事に裏切られたのが、パルサーの発見であった。１９６７年、イギリスのケンブリッジ郊外に設置された電波アンテナのデータの中に、奇妙な周期的パルスが発見された。その周期は１・３秒。発見したのはアントニー・ヒューイッシュとその指導学生だったジョスリン・ベルである。

これはまったく想定外の発見だった。実際、パルサーのシグナルは、それより前の電波天文観測データにも記録されていた。だがそんなものを想定していないので、データを解析する人間がそれに気づかなかったのだ。天体からの電波放射が、そんなに短時間で変化すると思っていなかったからである。では、ケンブリッジのグループはなぜ気づいたのか。それは彼らが電波のシンチレーションと呼ばれる現象を調べていたからである。

星の「またたき」という現象はご存じの方も多いだろう。恒星からの光の経路が地球の大気のためにゆらいで、星の明るさが変動して見える。余談ながら、惑星はまたたかない。惑星は距離が近く、遠方の恒星に比べ見かけの大きさが大きいからである。惑星の像のあちこちがバラバラにまたたくため、全体としてはならされてしまうのだ。電波でも同様のことが起こり、電波天体の明るさが変動する。これがシンチレーションである。ただしこの場合、経路を乱すのは地球大気だけでなく、太陽系の中や、銀河系の星間空間に満ちている電子の影響が大きい。星間ガスの一部は電離され、放り出されて自由に運動している「自由電子」が存在しており、それらが電波の屈折を引き起こすのだ。

シンチレーションは、遠方の天体を精密に調べたい電波天文学にとっては当然ながら厄介な代物である。逆にいえば、だからこそその性質をきちんと理解しておかなければ、電波による天文学はできない。それで調べていたところ、とんだ大発見が待っていたということだ。繰り返すが、ヒューイッシュらはパルサーの存在を予想して華麗にこの発見を成し遂げたわけではない。シンチレーションという地味な研究をしていたが、それでもその研究は、かつて誰もやったことのないフロンティアであった。安易な理論的予想などより、とにかく誰もやったことのないフロンティアを攻めることが、科学において大発見を生み出す土壌なのであろう。

このわずか1秒ほどという短い周期が、パルサーの起源を考える上で大きなヒントになる。同じ質量の星でも、半径が小さく高密度であるほど、速く回転できる。スピンしているフィギュアスケーターが腕を縮めると回転が速くなるのと同じである。パルサーの短い周期は白色矮星や、二つの星の連星などでは説明が難しく、一方で中性子星の回転なら十分に可能である。

さらに、この周期が少しずつ長くなっていく、つまり回転速度にブレーキがかかっていることもわかってきた。中性子星も、太陽や地球と同じく、星全体が磁石になっていると予想される。磁石を回転させると電気が発生するように、磁気を帯びた中性子星が回転すると、それによって電磁波を出したり電圧で粒子を加速したりする。そのエネルギーの源は回転エネルギーであるから、徐々に回転は速度を失い、周期が長くなると考えて、よく説明できる。こうした事実から、パルサーの正体は磁場を持って回転する中性子星であると広く受け入れられるようになった。

そして話は、かに星雲に戻る。中性子星が本当に存在するなら、かつてバーデとツビッキーが予想したように、超新星の残骸であるかに星雲にもパルサーがあるのではないか？　そう予想して探すのであれば簡単だ。最初のパルサーの発見から早くも2年後の1969年、実際にかに星雲にパルサーが見つかった。その周期は最初のパルサーよりさらに短く、およそ0・033秒。太陽ほどの質量が、半径10㎞という小さな領域に押し込められて、一秒間に30回も回転しているのである。

かにパルサーもやはり、回転が少しずつ遅くなっている。そのペースから推定される年齢は1000年ほどになり、かに星雲が1054年の超新星であることと見事に符合する。磁場が強いほど、多くの回転エネルギーを放出し、強いブレーキがかかる。これを使うと磁気の大きさも割り出せる。かにパルサーの場合、我々の身の回りにある磁石に比べざっと1億倍も強い磁気を帯びている。

かにパルサーの発見は、かに星雲の長年の謎も解決した。有名な、可視光で見たかに星雲の写真では、濃くなったガスがいくつもの紐状に連なり、鮮やかな色で輝いている。これは、電離されて原子から飛び出した電子が再び元の原子に結合する際に、特定の波長の光を放つことで輝いているものだ。だが、肝心のそのエネルギー源が不明だった。かにパルサーが見つかると、パルサーが放つエネルギーで、かに星雲の輝きも説明できることがわかった。何のことはない、パルサーが発見されるはるか以前から、我々はパルサーが生み出したエネルギーで光るかに星雲を眺めていたのである。

　こうしてついに、超新星とは恒星がその一生の最期において重力で潰れ、爆発した後で中性子星を残す現象であることが判明した。次章では、この超新星という現象を、現代天文学の視点からさらに詳しく説明していこうと思う。

第七章 超新星の爆発メカニズム

大質量星とその進化

爆発して超新星となるような星は、太陽のおよそ8倍以上という大きな質量が必要とされる。なぜ大質量の星でなければならないのか。それは星の中心での核融合が、終着点である鉄にまでたどり着くことが本質的に重要だからである。太陽程度の質量の星は、炭素や酸素ぐらいの重元素を作り出したところで白色矮星となり、その一生を終える。しかしより重い星では、その強大な重力を支えるために、中心部はより高温で高密度になっている。これが、より重い原子核を融合する上で重要である。原子核が大きくなるということは、原子番号つまり核中の陽子の数が増えるということだ。そうした原子核同士をぶつけて核融合を起こそうとすると、プラスの電気同士の間の電気的反発力が障害となる。その障害を乗り越えるために、温度が高く粒子の運動速度が速くなくてはならないのだ。このような重い星では、炭素や酸素もまた核融合反応で燃焼し、ネオン、マグネシウム、ケイ素といったさらに重い原子核を生み出していく。そしてケイ素原子核2個が合体すると、鉄が生成される。

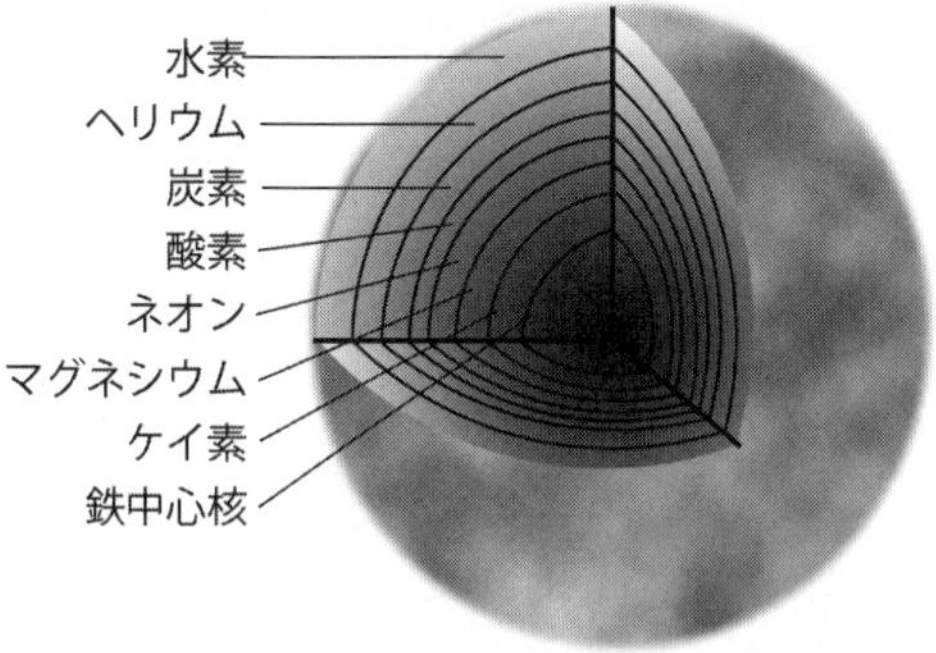

図7－1　大質量星の構造

重い原子核ほど重力に引かれて星の中心部に沈んでいくため、原子核反応が進んだ星の構造は、中心部には鉄のコアがあり、それをより軽い原子核が順番に層構造で取り囲んだものになる。タマネギの断面になぞらえて「タマネギ状の構造」ということも多い。そして、もっとも安定な原子核である鉄はそれ以上、核燃焼することがない。鉄コアはじわじわと太り、燃焼によるエネルギー発生もないので、その重力を支える力は白色矮星と同じく、電子の縮退圧である。そして白色矮星に最大質量限界が存在するのと同じで、鉄コアが太りすぎると、ついにその重力を支えきれなくなる時がくる……それが超新星を引き起こす「重力崩壊」の瞬間である。

そのような崩壊直前の星は、太陽の末期と同様、外層が大きく膨らんだ赤色巨星の状態になっている。有名な星の中では、オリオン座の中でオリオンの右肩にあたるベテルギウスがそのような星で、太陽の約20倍もの質量を持った星の末期の姿である。８００万年ほど前にオリオン座のベルトの三つの星と同じ場所で誕生し、秒速30キロメートルで運動しつつ、現在の位置にまで移動してきた。

この数年、このベテルギウスが目に見えて暗くなっていて、いよいよ超新星爆発を起こす寸前ではないかと話題になっている。メディアでもそのように報道されていて、「地球は大丈夫なのか?」と質問を受けることもある。だが研究者の間では、この減光は超新星爆発が差し迫ったことを示すものではなく、赤色巨星において普通に起こると考えられる外層の膨張や質量放出などで説明できるという立場が主流である。

星の進化理論によれば、赤色巨星の状態になってから超新星爆発を起こすまで、数十万年はかかる。となると、ベテルギウスが超新星となるまでにも、その程度の時間がかかると考えるのが自然である。ベテルギウスまでの距離は約600光年だが、銀河系全体の超新星の頻度から考えても、600光年以内で超新星が起きる頻度はやはりざっと10万年に一度程度となる。ベテルギウスが、我々が生きているうちに超新星として爆発する可能性はゼロではない。だがもし、それを目撃できるならば、我々は恐ろしく幸運であるということになろう。より具体的にいえば、人生ざっと100年とすれば10万年の1000分の1だから、まあ1000分の1の確率で引き当てるようなものである。

重力崩壊と原始中性子星の誕生

自らの重さを支えきれなくなった鉄コアは、ほぼ自由落下で中心に向かって収縮を続ける。それがせき止められるのは、鉄コアの半径が10㎞程度にまで縮んで、中性子星が誕生する瞬間である。密度が高くなって原子核力による反発力が働くようになり、それまで自由に落下してきた鉄コアが急に反発力でせき止められる。重たいボールが落下して固い地面にたたきつけられる瞬間を想像すればよい。その寸前まで、ボールは地面に向かって運動している。その運動エネルギーの源はボールを地球に引きつけた重力であり、重力エネルギーが転化したものといってもよい。

たたきつけられた瞬間、ボールの持つ運動エネルギーは一瞬ゼロになり、別の形態に変化する。一つは、ボールが反発して上向きの運動エネルギーになるものだが、よほど理想的な状態でなければ、元の重力エネルギーをそっくりそのまま反発させることはできない。かなりの部分は、ボール内部の熱エネルギーに転化する。超新星の鉄コアでもまったく同じで、解放された重力エネルギーは反発運動（つまり収縮の逆で膨張運動）と、誕生した中性子星内部の熱エネルギーとなる。この熱エネルギーのために、誕生したての中性子星は１０００億度を超える超高温状態となる。

反発による膨張運動に転化したエネルギーは、容易に想像できると思うが、超新星を「爆発」

させるために重要となる。だがその話は少しおいて、まずは内部の熱エネルギーがどうなるのかを考えよう。通常の星は、内部に蓄えられたエネルギーを光として外に放出する。だが中性子星も、その周囲の物質も、太陽に比べれば桁違いの高密度であるため、光はすぐに吸収されてしまって外に脱出できない。

そこで登場するのがニュートリノである。温度が１００億度を超えてくると、弱い相互作用が活発に起こるようになり、原子核や電子、陽電子といった粒子の反応からニュートリノも大量に作られるようになる。ニュートリノは物質との相互作用が弱く、したがって透過力が強い。太陽であれば、中心部で作られたニュートリノは容易に脱出して地球まで直進してくる。ところが、中性子星内部の超高密度状態では、ニュートリノですら周囲の物質に散乱されたり吸収されたりして、まっすぐに外に出ることはできない。さすがのニュートリノすらも閉じ込められてしまうほど、中性子星はものがぎっしり詰まっているのである。

ここに「ニュートリノ球」というものが誕生する。太陽の表面を「光球」といったが、これは太陽内部で光が物質に邪魔されて直進できない領域と、その外側で地球に向かって光がまっすぐに飛んでくる領域の境目であった。これと同じで、生まれたての中性子星でも、ニュートリノが閉じ込められた領域と、その外側でまっすぐ飛び出せる領域の境目ができる。それは中性子星の物理的な大きさと同程度である。もし、我々の目がニュートリノに対して感度があるなら、その目で中性子星を見たときには、このぐらいの大きさの球としてまぶしく輝いて見えるはずである。

ニュートリノとカミオカンデ

太陽の光球から光が放射されるように、ニュートリノ球表面からはニュートリノが放射される。それによって、ニュートリノ球内部のエネルギーは徐々に外に逃げ、できたてで熱い中性子星は冷えていくことになる。恒星の表面からの放射は黒体放射と呼ばれるもので、恒星の光度（単位時間あたりに放射されるエネルギー）はその表面積に比例し、かつ、表面温度の4乗に比例するのであった。この法則は超新星からのニュートリノ放射の場合でも同様に成り立つ。

中性子星の半径は太陽の7万分の1程度にすぎないが、表面温度は太陽の実に2000万倍も高い。ここから計算すると、中性子星のニュートリノ光度、つまり一秒間に放出されるエネルギーは、実に太陽の10^{19}倍にあたる10^{45}ジュールという凄《すさ》まじい値になる。ちなみに、誕生時に中性子星内部に蓄えられた熱エネルギーは、解放された重力エネルギーと同程度だから、ニュートン力学による公式GM^2/Rを用いて、中性子星の質量（M）と半径（R）から計算できる。ざっと3×10^{46}ジュールである。

つまり、上記のニュートリノ光度でエネルギーを外に放射すれば、わずか10秒で中性子星内部のエネルギーは使い果たされてしまう。ニュートリノの放射も10秒程度しか続かず、その後は冷えてしまうだろう。同じロジックで太陽の寿命を計算すれば100億年となるのだから、たいそうな違いである。

超新星と中性子星（パルサー）の関連が観測的に明らかになってからは、理論研究が進み、ここで述べたようなニュートリノの放射が起こるだろうということは1980年代までに予想されていた。それが実際に実験で確かめられたのが1987年、あまりにも有名な超新星1987Aからのニュートリノの検出である。日本のカミオカンデ実験が11個、アメリカのIMB実験が8個のニュートリノを捕らえた。これらは水チェレンコフ検出器と呼ばれるタイプのニュートリノ検出装置である。

現在稼働中のスーパーカミオカンデは、岐阜県神岡鉱山の地下深くにおよそ5万トンの純水をためた巨大な水槽である。超新星1987Aをとらえたカミオカンデはその前身にあたり、タンクの体積は10分の1以下の3000トンであった。どちらも、光電子増倍管と呼ばれる多数の巨大な光センサーがタンクの内壁にずらりと取り付けられ、水槽の中をにらんでいる。

ニュートリノは相互作用が弱いので、カミオカンデの水槽はもちろん、地球すらもやすやすと通り抜けてしまうものだが、ごく稀に、運のいい（悪い？）ニュートリノは水槽内の水分子と反応を起こす。もっともよく起こる反応は、反電子型と呼ばれるタイプのニュートリノが水分子中の水素原子核に衝突し、陽電子（電子の反粒子）を生み出すものである。超新星からのニュートリノはだいたい10メガ電子ボルト［MeV］程度のエネルギーを持っているが、これは電子の静止質量エネルギーのざっと20倍である。これだけ高いエネルギーの陽電子はほぼ光速で運動することになる。

光の速度は、水中と真空中では異なっている。我々の耳に聞こえる音波の場合、水中の音速は空気中のそれに比べてざっと5倍も速い。光の場合は逆に、水中の光速は真空中のそれに比べて遅く、およそ75％程度である。このため、ニュートリノが水槽の中で作り出した陽電子や電子は、水中の光速以上の速度で走ることになる。空気中でいえば、飛行機が超音速で飛ぶようなものである。このとき、衝撃波と呼ばれる強烈な音波が生じることが知られているが、水中の光でも同様に、特殊な発光が起こる。チェレンコフ光と呼ばれるものだ。

1999年に茨城県・東海村の核燃料加工施設で起きた痛ましい原子力事故では、臨界に達したウラン溶液から青い光が出たという証言があるが、この光がチェレンコフ光であったといわれている。カミオカンデは、ニュートリノなどの高エネルギー粒子による反応で発生した微弱なチェレンコフ光を、多数の光センサーで捉える実験装置である。もちろんカミオカンデの場合は、水槽内で人工的に核反応を起こすわけではなく、ごく稀にしか起こらない自然のニュートリノや宇宙線による反応を見ているので、人体に何ら影響はない。

大マゼラン星雲に出現した超新星１９８７Ａ

日本からは見ることができないが、南半球に行って暗いところで夜空を見上げると、大小二つの雲のように見える星雲がある。太陽が属する銀河系の周囲を回っている矮小銀河である、大マゼラン星雲と小マゼラン星雲だ。大マゼラン星雲までの距離はおよそ16万光年で、質量は銀河系のざっと10分の1程度である。１９８７年2月23日、この大マゼラン星雲に突然、新しい星が現れた。超新星１９８７Ａの発見であった。名前のＡは、その年に見つかった最初の超新星を表していて、続いてＢ、Ｃ、Ｄ、……と名付けられていく慣習である。

余談ながら、2月23日に発見されたのがその年の最初の超新星というのは、現代から見ると隔世の感がある。今や超新星は凄まじいペースで発見されており、一年でアルファベット26文字だけではとても足りない。Ａから始まり26番目がＺと名付けられた後は、aa、ab、ac、……と続き、azの次がba、さらにずっと進んでzzの次がaaaとなる。つまりこれは10進法ではなく26進法の数え方といえる。また、今や突発天体が多すぎて、すぐには超新星と判断できないものも多い。そこで超新星を表すＳＮ（supernova の略）ではなく、ＡＴ（「突発天体」を意味するastronomical transient の略）で名前をつけ、後で超新星と確認されたらSNの名前が付与されることになる。例えば２０１９年には、「SN 2019fcn」という超新星が見つかっている。私の計算が正しければ、これはこの年の４１４８番目の突発天体ということになる。

銀河系内ではなく大マゼラン星雲ということで、４００年前のティコやケプラーの超新星ほど近くはないが、それでも5月下旬に最大光度に達した時は明るさが3等級、つまり肉眼で十分に見える明るさとなった。発見前後の観測データを洗い出すと、2月23日午前10時30分（世界標準時、以下同様）の画像にすでに写っており、星が重力崩壊した瞬間はその少し前ということになる。理論的には、重力崩壊を起こしてから可視光で明るくなるまでに数時間はかかるとされている。

超新星からニュートリノが放出されることは当時すでに予想されていたから、重力崩壊が起こったと推定される時刻周辺で、カミオカンデなど世界中のニュートリノ検出器のデータがすぐに調べられた。するとカミオカンデでは2月23日午前7時35分あたりで、わずか10秒ほどの間に11個ものシグナルが記録されていた。カミオカンデの検出原理から考えれば、これらは電子などの荷電粒子が水中をほぼ光速で飛んだものであることは間違いないが、それだけでニュートリノとは断定できない。だが、10秒の間に11個ものシグナルが発生するのは、通常のノイズに比べてはるかに多い。そしてほぼ同時刻に、米国ＩＭＢ実験でもシグナルが検知されたことから、これらが超新星１９８７Ａから放射されたニュートリノによって引き起こされたものであることは間違いないと考えられる。

カミオカンデで11個のニュートリノが検出されたことから、何がいえるのだろうか。物理学では、「衝突断面積」という概念がある。ニュートリノと水分子中の水素原子核（陽子）の衝突確率を表すために、飛んでくるニュートリノから見て、陽子の大きさはどれくらいに「見える」か、と考えるもので、ざっと10^{41}分の1平方センチメートルという極めて小さな値である。これは、ニュートリノが見る陽子の大きさが３×10^{20}分の1センチメートルということになるのだが、実際の陽子の大きさは10兆分の１（10^{13}分の1）センチメートルである。ニュートリノから見ると陽子は実際の大きさより1億分の1も小さく見えることになる。つまり、ニュートリノが陽子と触れあってもほとんどの場合は通り抜けてしまい、ごくたまにしか反応を起こさないということである。

カミオカンデの３０００トンの純水の中に、水素原子核はざっと10^{32}個ある。衝突断面積を掛け合わせれば、カミオカンデはおよそ10億分の1平方センチメートルの面積を持つニュートリノ検出器といってよい。３０００トンもの水を用意しても、ニュートリノの反応確率の低さのため、実効的な面積はこれほどまでに小さくなってしまうのである。カミオカンデのタンクの面積はざっと１００平方メートルだから、カミオカンデを通り抜けたニュートリノが反応を起こす確率は１０００兆分の1ということになる。この恐ろしくスカスカの「網」に11個のニュートリノがひっかかったということは、通り抜けたニュートリノの個数はざっと1兆の1万倍、つまり1京個ということになる。

この数字から、16万光年離れた超新星１９８７Ａから放出されたニュートリノの総量を計算すると、ざっと10^{57}個という途方もない数字になる。これだけの数のニュートリノが放出され、虚空を16万年かけて飛び続けて地球にたどり着き、３０００トンもの純水を抱えるカミオカンデでわずか11個が検出されたということだ。何かの数字を少し変えれば、検出期待個数は1個以下になり、世紀の発見は実現しなかっただろう。実験をする人間にとって、検出を主張できる最低限度といえる10個程度の数が、都合よく検出されたというのは何やら話がうますぎるという気がしないでもない。

そして、カミオカンデが捉えたチェレンコフ光の明るさからニュートリノのエネルギーもわかるので、超新星から放射されたニュートリノのエネルギー総量も見積もることができる。それは3×10^{46}ジュールのざっと6分の1程度であった。これが、超新星の理論から予想される数字と極めてよく一致しているのである。中性子星が解放したはずの重力エネルギーが3×10^{46}ジュールである。誕生した中性子星では、6種類（3世代それぞれに粒子・反粒子の2種）あるニュートリノがほぼ同量で生み出される。カミオカンデで検出されたニュートリノは、陽子との衝突断面積がとりわけ大きい、反電子ニュートリノであると考えられるので、そのエネルギー量も全体の６分の１程度と予想されるからだ。

超新星１９８７Ａからのニュートリノ検出は、バーデとツビッキーが提唱した、「超新星は星の終末の重力崩壊で中性子星が生まれる現象」という概念を最終的に確立し、かつ、中性子星誕生の瞬間を初めて人類に見せてくれたという点で、記念碑的である。

ニュートリノ質量について得られた新知見

超新星１９８７Ａからのニュートリノの検出は超新星についての理解を確かめただけでなく、素粒子としてのニュートリノの性質にも新しい情報をもたらしてくれた。ニュートリノは陽子や電子など他の粒子に比べて著しく質量が軽い。１９８７年当時は質量がゼロと考えても矛盾はなく、実験からは上限値しか得られていなかった。相対性理論によれば、質量が完全にゼロの粒子は厳密に光速で飛ぶが、わずかでも質量があるとその速度もわずかに落ちる。また、同じ質量の粒子でも、エネルギーの低い粒子ほど速度の低下が大きくなる。

16万年の時間をかけて飛来したニュートリノに質量があるなら、そのわずかな速度低下により、光に比べて到着時間が遅れるはずである。だがニュートリノは、超新星が可視光で明るくなる数時間前に、しかもどのエネルギーのニュートリノも10秒程度の間に集中して到着した。つまり、ニュートリノに質量があったとしても、それによる到着時間の遅れは10秒程度以下ということになる。このことから導き出されたニュートリノ質量の上限値は静止質量エネルギーにして20電子ボルト、電子の質量と比較すれば2万5000分の1というものであった。

現在でこそ、その後のスーパーカミオカンデなどによるニュートリノ振動現象の研究により、ニュートリノにはたしかに質量があり、1987Aによる上限値よりさらに小さなものであることがわかっている。だが1987Aから得られた制限は、当時としてはもっとも厳しいものであった。はるか16万光年離れた大マゼラン星雲で起きた超新星によって、素粒子の性質について重要な知見が得られたのである。人類にとって新しい「目」で宇宙を見ることの醍醐味を体現しているといえるだろう。

どうして超新星は「爆発」するのか？

さてここからは、中性子星につぶれてニュートリノを放出した超新星が、最終的にどのように「爆発」するのかを考えていこう。重力崩壊によって起きる超新星爆発のエネルギーは、もちろん星が重力でつぶれることで解放された重力エネルギーである。だが、重力エネルギーで星がバラバラに爆発するのは奇妙だともいえる。重力が引力であるため、星が中心に向かって縮めば重力エネルギーが解放され、逆に星を膨らませるには外からエネルギーを与えなくてはいけない。重力エネルギーを利用するには、星の少なくとも一部は中心に落とす必要があり、これは星のすべての物質をバラバラに吹き飛ばすのは原理的に不可能ということを意味している。

超新星では、中心の鉄コアがつぶれたことでエネルギーが解放され、しかもそのエネルギーの大半はニュートリノが持ち去ってしまう。これでどうして、超新星を「爆発」させることができるのだろうか? 超新星の爆発で外に向かって吹き飛ばされるのは、中性子星となる鉄コア領域の外側にある外層部分である。吹き飛ばされる外層の質量はざっと太陽の10倍以上もあり、1・4倍ほどの中性子星よりかなり多い。しかし外層は、鉄コアに比べて外の方に薄く拡がった状態であり、それらをつなぎ止めている重力も相対的に弱い。そのため、中性子星誕生で解放された重力エネルギーのうち、わずか1%程度を外層に与えるだけで、外層は重力を振り切ってバラバラに爆発してしまう。それが、膨張する「かに星雲」のような爆発として観測されるわけである。

ただ、このわずかなエネルギーが、どのように外層に伝達されるかについては、まだ完全には解明されていない。超新星爆発の詳しいプロセスは簡単な数式による手計算で取り扱えるようなものではなく、スーパーコンピュータを用いた大規模な数値計算で盛んに調べられている。だが、中性子星誕生のエネルギーのわずか1％で外層が飛ぶか飛ばぬか、というところを見極めるには極めて高い精度の計算が必要となり、そう簡単なことではないのである。

もっとも単純な爆発機構は、中性子星ができるときの反跳である。すでに述べたとおり、中性子星ができるときに物質が急激に固くなり、高速で落ちてきた物質が壁に跳ね返されるように、外向きの運動エネルギーに転化する。この外向きの運動が、遅れて上から落ちてくる物質に衝突し、加熱しながら、落ちてくる物質を押し返そうとする。太陽の10倍程度という、超新星を起こすものとしては軽い星の場合、この反跳だけで星の外層を吹き飛ばすこともできそうだといわれている。一方で、より重い星の場合は、反跳が外に伝わっていく過程でエネルギーを失い、へたってしまう。そうなると超新星が爆発せず、やがてすべての物質が中心に落ち込み、中性子星の限界質量を超えてブラックホールになってしまうだろう。

この問題を解決する上で有力とされているのが、ニュートリノによるエネルギー供給である。誕生した中性子星から放射されるニュートリノは、星の外層部分では基本的に吸収されることなく、自由に外に飛び出してくる。しかしわずかな割合で、外層に吸収され、エネルギーを外層に与えるニュートリノもいる。ニュートリノとして放出されるエネルギー総量のわずか1％を外層に渡すだけで、外層は爆発してしまうのだから、この効果は重大である。

もう一つ、一部の超新星において重要になるといわれているのは、中心のコンパクト天体（中性子星またはブラックホール）の活動によってエネルギーが供給される場合だ。パルサーは磁場を持った中性子星が高速回転することで、電波やX線、ガンマ線などさまざまな波長の電磁波を強力に放射する天体であった。そのエネルギー源は中性子星の回転エネルギーである。当然、生まれたての中性子星はもっとも速く回転していて、その回転エネルギーも膨大となる。磁場が十分強ければ、その大きなエネルギーを原始中性子星からの放射を通じて外層に与えることになる。

より重たい星では、中心部でつぶれたコンパクト天体の質量が中性子星の上限を上回り、ブラックホールになるだろう。そのブラックホールに、まだ残っている外層の質量が降り積もってくる。そのように外側から降ってきたガスは微弱な回転運動が増幅され、ブラックホールに落ち込む前に降着円盤という円盤状の構造をとることになる。そして一部のガスはブラックホールに吸い込まれることなく、ジェットと呼ばれる細く絞られた高速のガス流となって、円盤の軸に沿って二つの方向にはじき出される。これはブラックホールにモノが落ち込む際、解放された重力エネルギーの一部を使って、一部の物質を外に放出する現象といえる。実は、このようなブラッ

図7-2　ブラックホールの降着円盤とジェットのイメージ（NASA）

クホールにおける降着円盤とジェットは、宇宙で多数見つかっている。銀河系内にあるブラックホールを含む連星や、遠方の銀河の中心部に存在する巨大ブラックホールが明るく輝く活動銀河核からである。超新星でも、中心にできたブラックホールからこのようなジェットが出る可能性があり、それが残った外層を吹き飛ばすというシナリオが考えられる。これは、次章で紹介するガンマ線バーストでも重要になるので、そこでまた触れよう。

超新星を「実験」してみよう！

さてここで、「重力で内向きにつぶれる」ことが本質の超新星で、なぜ「外向きの爆発」が起こるのか、それを理解させてくれる簡単な実験を紹介しよう。用意するのはボールを二つ。一つは大きくて重たいボール、例えばバスケットボールなどがよい。もう一つは軽くて小さいもの、例えばテニスボールやピンポン球などがよいだろう。場所は固い床があればどこでも構わないが、ボールが天井にぶつかって電灯などを壊すことがないように気をつけてもらいたい。

大きなボールを片手に持ち、その上にもう片方の手で小さいボールを載せる。そして同時に手を離す。これだけである。重力の下では、重たいボールも軽いボールも同じ速度で運動し、床に激突する。二つのボールは反発で上向きに跳ね返る。床との反発でエネルギーがまったく失われない理想的なケースでは、反発で得られた上向きの運動エネルギーは、二つのボールをちょうど元の高さに戻すだけの量であり、それ以上に跳ね上がることはないはずである。

だが今の場合、上の小さなボールは下の大きなボールに接して運動している。そして、まず大きなボールが床に激突して跳ね返り、その上に小さなボールが落ちてきて激突する。つまり、小さなボールを跳ね返らせる「床」は大きなボールであり、それは上向きに運動している。このことにより、小さなボールには、静止した床に衝突した場合より大きな反発力が加わることになる。結果として、小さなボールは大きなボールの運動エネルギーを少々拝借し、元の高さよりはるかに高いところまで跳ね上がることになる。

超新星との関係でいうと、大きなボールが鉄コアに対応し、小さなボールが星の外層部分に対応する。大きさや質量でいうと、鉄コアのほうが外層より小さいので、この点は上記の実験とは異なる。しかし、鉄コアはコンパクトに重力崩壊するため、解放される重力エネルギーでいえばはるかに巨大であり、得られる反跳の運動エネルギーが大きいということが重たいボールに対応する。その巨大な運動エネルギーをわずかに外層や上側のボールに受け渡すだけで、それらは元の高さをはるかに超えて、爆発するのである。

なぜ、超新星は輝くのか

さて、我々が超新星の出現を知るのは、ニュートリノという新しい観測手段を除けば、伝統的には目に見える可視光線で超新星が明るく輝くからである。この超新星の輝きは、爆発とどのように関係しているのだろうか。爆発が起きたから、それによって光で明るく輝くのは当然だ、と安易に考えがちであるが、実はそれは間違っている。

中心部の鉄コアが中性子星につぶれて、原子核力による反跳で跳ね返った外向きの運動エネルギーは、上から降ってくる外層の物質と衝突する。そこで発生するのは衝撃波と呼ばれる現象である。音速とは、物質（媒質）の中を音波（物質の密度の変動）が伝わる速度である。例えば、ある場所で空気に何か変化が起きると、他の場所にその変化が伝わる速度もまた音速となる。だが、その中を音速を超えて飛ぶ物体があると、その物体に押された空気にも、音速を超えて衝撃が伝わることになる。それが衝撃波である。

この衝撃波は、空気を加熱する効果もある。実は、空気中の音速は、その空気を構成している原子や分子などの粒子が熱運動で飛びかう速度とほぼ同じである。それより速く飛ぶ物体に押し出される過程で、物体の運動エネルギーが空気の粒子の運動エネルギーに転化し、粒子はより高速で運動するようになる。空気の温度とは本質的に粒子の運動エネルギーであるから、これは空気が加熱されるということである。

超新星でもやはり、鉄コアの反跳で生まれた衝撃波が、外層の物質を加熱しながら外側に伝搬していく。ニュートリノによる加熱や、コンパクト天体からのエネルギーで後押しされるにしても、最終的に超新星が爆発する瞬間というのは、この衝撃波が星の外層の表面（光球面）に到達したときなのである。このとき、星の表面はそれまでの温度よりはるかに高い温度にまで一瞬で加熱される。星の光は熱放射であり、その明るさは温度の４乗に比例するから、一気に明るくなるはずである。

この現象はショック・ブレイクアウト（衝撃波が表面に現れる、の意）と呼ばれ、鉄コアの崩壊から数時間以内に起こり、一瞬明るくなるだけですぐに消えてしまう。波長域も、可視光よりは紫外線やX線領域で明るくなるとされる。これを観測するのは実は非常に難しく、古くから理論的に予想されていながら、２００８年の初検出以来、いまだに片手で数えるほどしか検出例がない。いわゆる「超新星の輝き」は、これとは違うのである。

その後、爆発で吹き飛んだ星の外層が持つ膨大な運動エネルギーは光に転化することなく、ただたんに膨張していくのみである。いくら大きな運動エネルギーを持っていても、何も障害物がなく、自由に膨張しているだけなので、その運動エネルギーを何か別のエネルギーに転化する術がないのである。

では、超新星として昔から観測されている、1ヵ月程度の時間で著しく明るくなるあの輝きは、一体どこから来るのであろうか？　答えは、放射性原子核の崩壊によって放出される核エネルギーなのである。爆発の際、衝撃波によって加熱された領域では高温のためにさまざまな核反応が進み、飛び散った外層には放射性原子核が豊富に含まれている。これらは不安定な原子核で、しばらくするとエネルギーを放出してより安定な原子核に変化する。とくに重要なのは鉄と同じ質量数（陽子＋中

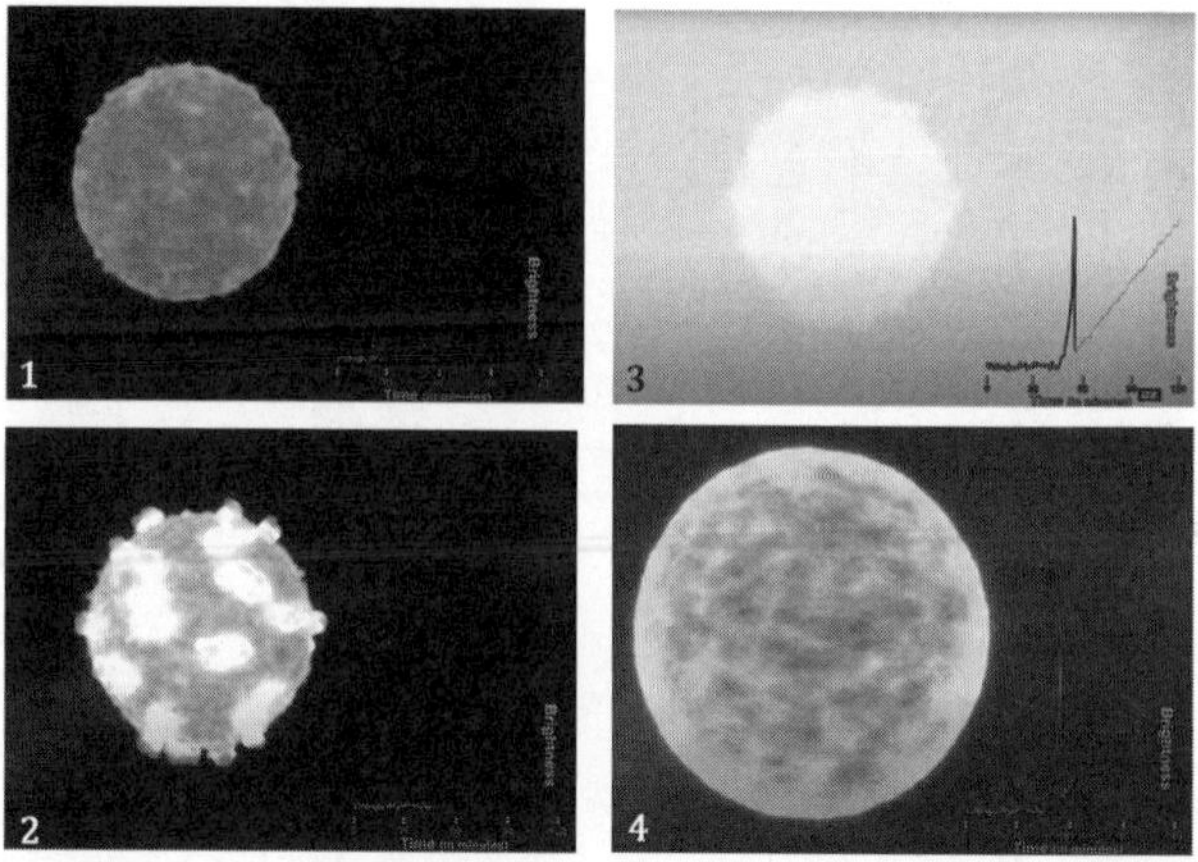

図7−3　ケプラー宇宙望遠鏡が捉えた「ショック・ブレイクアウト」のイメージ（NASA, Ames, STScI/G. Bacon）
1：明るい赤色超巨星。2：恒星の内部が核融合を維持できなくなり、中心部のコアが重力によって崩壊する。中性子星誕生の反跳による衝撃波が星の層を通って外殻に現れる。3：衝撃波が表面に達すると、超新星爆発として爆発し「ショック・ブレイクアウト」を起こす。4：その後、だんだんと膨張していく。
12億光年先の恒星KSN 2011dの「ショック・ブレイクアウト」をもとに作成。

性子の数）を持つニッケル56である。

この陽子28個と中性子28個でできた原子核は、半減期6日ほどでコバルト56（陽子27個、中性子29個）に変化する（専門用語としては「崩壊する」という）。さらにこのコバルトは半減期77日で鉄（陽子26個、中性子30個）に変化し、そこで安定化する。この過程で核エネルギーが陽電子として放出され、その陽電子はすぐに周囲の外層物質に吸収されて熱化する。その熱によって爆発した物質が光るというのが、いわゆる超新星の輝きなのである。1ヵ月もせずに急激に明るくなり、その後、数ヵ月をかけてゆっくり暗くなっていくのは、ニッケルとコバルトの半減期の違いの現れである。

つまり、いわゆる可視光線での超新星の輝きは、爆発の瞬間が明るく見えているというわけではない。むしろ、爆発で作り出された放射性元素がエネルギーをじわじわ放出するという「余熱」で光っているといったほうがよい。たとえが物騒かもしれないが、原子力発電所が事故を起こして爆発した場合のことを考えてみよう。発電所内部の圧力が上昇し、暗闇の中で爆発した場合、それによって一瞬、明るく輝くことがあるかもしれない。これは超新星でいえば、ショック・ブレイクアウトに相当する。一方、原子力事故では大量の放射性元素が作られる。その放射性元素が出すエネルギーの一部が可視光線に転化した場合、原子炉の残骸が長期にわたってぼうっと光り続けることになるだろう。一般にいう超新星の輝きは、こちらに相当するということになる。

もう一つの超新星、Ia型

天文学の歴史を見るとしばしば起こることがある。当初、ある天体現象として一括《ひとくく》りにされていたものが、詳しく調べていくと、まったく物理的に異なる複数の種族の天体現象が含まれていることがわかるというようなことだ。そのような場合、以後、別の種族として扱われるようになる。超新星も例外ではない。超新星の基本的な分類として、I型とII型というのがある。超新星の光を分光観測した際に、水素の吸収線が見える場合はII型、見えないものがI型という分類である。I型はさらに、分光スペクトルの特徴からIa、Ib、Ic型に分かれる。これらは観測されたスペクトルの特徴から分類されたものにすぎず、それがどういう物理現象なのかという観点は入っていない。

II型超新星は、これまでに説明してきた重力崩壊型の超新星のなかでももっとも典型的なものである。恒星のもっとも外側には水素の層がある。爆発したときに水素の外層が残っていれば、超新星の光はその水素層を通過して我々に届くことになるから、水素の吸収線が見えることになる。Ib、Ic型も同じく重力崩壊型である。ただしこれらの超新星は、爆発の時点で水素の外層を何らかの理由で失っていたと考えられる。爆発前の星の強烈な放射圧により、水素層を星風として吹き飛ばしてしまったか、あるいは連星を組んでいて相手の星との相互作用により失われた、といったことが考えられる。ちなみにIbとIc型の違いは、水素の欠乏に加えてヘリウムの吸収線が見えるかどうかである。Ib型ではヘリウム層が残っているが、Ic型では水素のみならず、その一つ内側のヘリウムの層まで失ってしまったと考えられている。

ところが、残るIa型だけは、その爆発機構からして重力崩壊型超新星とはまったく異なる、別の種類の超新星である。熱核融合型とも呼ばれる。ちなみに、明るさがほぼ一定であることから距離を測る標準光源として用いられ、宇宙の加速膨張の発見につながったのはこの超新星である。

この型の超新星のユニークさは、それが発生する銀河の性質にも現れている。重力崩壊型の超新星は、現在もアクティブに星を生み出しているタイプの銀河でしか発生しない。いわゆる渦巻き型銀河では星が活発に生まれており、我々の住む銀河系でも、毎年、太陽のような星が数個ほど生まれている。重力崩壊型超新星を起こすのは、太陽より8倍以上も重い星であった。そうした星々の主系列星としての寿命は数千万年以下であり、それは宇宙全体や銀河の進化の時間スケールに比べればはるかに短い。つまり、重力崩壊型の超新星を起こした星は、宇宙や銀河の時間感覚でいえば、つい昨日生まれたばかりのような「できたてほやほや」の星であり、現在でも活発に星を作っているような銀河でなければそのような星は存在し得ない。

だが、Ia型超新星は楕円銀河でも発生する。このタイプの銀河は、何十億年も前に大量に星を作ったが、今現在は星を作るための材料となる星間ガスをほとんど失っていて、新たな星がほとんど生まれていないような銀河である。重力崩壊型の超新星がこのような銀河で起こることはない。このことはIa型超新星が、何十億年も前に生まれた古い星々でも起きる現象であることを示している。それはすなわち、寿命の短い大質量星ではなく、太陽と同程度の中小質量星が起源となっていることを示唆する。中小質量星は、主系列段階を終えると、白色矮星に進化するのであった。

実際、Ia型超新星の光度進化やスペクトルを理論モデルと突き合わせることで、この型の超新星の本質は、白色矮星における核融合反応の暴走による爆発であることが解明されている。中心コアの重力崩壊などまったく関係なく、したがって中性子星やブラックホールを後に残すこともない。白色矮星は炭素や酸素を主成分とするが、それらが核融合反応で一気に鉄にまで燃焼することで、膨大な核エネルギーが発生し、星全体をバラバラにして爆発させてしまう。通常の星の内部でゆっくり起こる核融合反応を、制御された原子力発電所の核反応にたとえてみよう。するとIa型超新星は原爆や水爆のような、制御不能の急激な核反応による爆発だといえる。

ただし、太陽のような一つの孤立した星が進化した白色矮星は、たんにゆっくりと冷えていくだけで、このような爆発は起きない。Ia型超新星を起こす白色矮星は連星を組んでいると考えられている。一つのシナリオは、白色矮星と普通の星の連星で、相手の星から白色矮星にガスが降り積もると、ガスが落ち込むときの重力エネルギーで加熱され、高温状態になる。この高温状態によって核反応が点火され、Ia型超新星として爆発する可能性が考えられる。

もう一つのシナリオは、白色矮星同士の連星である。この場合は、二つの白色矮星はニュートンの法則に従って、永遠に互いの周りを回り続けるように思えるが、実はそうではない。「重力波」というものが放出されて、じわじわと連星はエネルギーを失い、二つの星は互いに近づいていく。一般相対論によれば、重力の本質とは、物質が存在することで周辺の時空構造にゆがみが生じることであった。コンパクトで重い星同士が連星を組んでいると、二つの星がぐるぐる回るたびに周辺の時空構造がめまぐるしく変わる。その結果、時空のゆがみつまり重力場が、公転周期に一致した波として真空中を光速で伝わっていく。これが、アインシュタイン自身が一般相対論の完成からほどなく予言した、重力波である。

こうして、白色矮星同士の連星はやがて合体してしまう。合体時に高温に加熱された星の内部で核反応が暴走すれば、やはりIa型超新星となる可能性がある。「白色矮星と普通の星」の連星か、「白色矮星同士」の連星か、このどちらのシナリオが正しいのかは、まだ最先端の研究現場で論争が続いている。近年、Ia型超新星のなかにも、わずかに性質が違う複数の種族がいるらしいことがわかってきた。もしかしたら、どちらのシナリオでも、Ia型超新星が起きて観測されているのかもしれない。

では、なぜ白色矮星では、普通の星と違って核燃焼が暴走するのだろうか？　ここでも、白色矮星という星を存在可能にした電子の「縮退圧」が本質である。太陽のような普通の星で、何十億年にもわたって安定に核融合反応が続くのは、フィードバック機構が働くためであった。核反応が過剰に起きると膨張が起き、温度が下がって核反応率を下げる効果が働く。これは、普通の恒星の中心部における圧力の源が、ガス粒子の熱運動によるものだからである。

ところが白色矮星を支える縮退圧は、ガスの温度とは関係がない。ガスが冷え切って絶対温度がゼロになったとしても圧力は変わらない。逆にいえば、核反応が過剰に起きてそのエネルギーで高温になっても圧力が増えず、膨張も冷却も起こらない。つまりフィードバックが働かないため、核反応はますます暴走的に進むようになる。単独の白色矮星は、ただたんに永遠に冷えていくだけの、静かな天体というイメージがある。だが連星における白色矮星とは、何かの拍子に核反応が過剰に起きたとき、抑制機構を持たない危険な原子炉のようなものなのである。

超新星が残すもの——超新星残骸と宇宙線

本章の締めくくりとして、超新星という「爆発」が銀河に残す余波や影響について考えてみたい。すでに述べたとおり、超新星が放つ可視光線の輝きは、エネルギー的にはたいしたものではなく、爆発で吹き飛んだ星の外層物質の運動エネルギーに比べれば1%程度でしかない。ニュートリノは爆発の運動エネルギーの100倍のエネルギーを持ち去るとはいえ、他と相互作用しないので影響も与えない。つまり、超新星が最終的に残す影響としてもっとも大きなものは、爆発の運動エネルギーによるものということになる。

超新星爆発で吹き飛んだ物質は、最初は秒速数千キロメートルという速度でたんに虚空を飛び続けるだけである。だが、百年とか千年といった時間が経つと、爆発による膨張にブレーキがかかりはじめる。星間空間に漂う薄いガスをかき集めるためだ。かき集めた物質量が当初の爆発で放出された物質量に匹敵するぐらいになると、膨張の減速が始まり、同時に、爆発の運動エネルギーが周囲の物質とぶつかることで熱エネルギーに転化する。秒速数千キロメートルという運動速度が熱運動に転化すると、それはざっと1億度もの高温になり、X線で輝くようになる。超新星残骸の誕生である。

その後、超新星残骸は星間ガスをかき集めつつ、減速しながら膨張を続け、放射による冷却で温度を下げていく。百万年も経つとその大きさは数百光年に拡がり、速度も秒速10キロメートルぐらいにまで下がる。このあたりで、一般的な星間ガスとほとんど混じり合ってしまい、やがて超新星の痕跡は星間空間から消えてしまうことになる。

こうして、百万年という、銀河の進化からみれば一瞬ともいえる時間で超新星の影響ははかなく消えてしまうのだが、それでも星間空間の物理における超新星の役割は重大である。絶え間なく出現する超新星残骸は、星間ガスの加熱源としてもっとも重要なものなのである。星間ガスにおいては、加熱と、放射による冷却がめまぐるしく繰り返され、全体として平衡を保ちつつ、冷却が進んでガスの密度が高くなったところでは新たな星が生まれ続けている。さらには、超新星残骸の膨張でガスが圧縮されることをきっかけに、新たな星が生まれるとも考えられている。まさに、ある星の死が、次世代の星の誕生を促しているのである。そしてスターバースト銀河と呼ばれるような、星形成が極めて活発に起きている銀河では、多数の超新星残骸によって加熱された星間ガスが銀河全体の重力を振り切り、銀河から飛び出して銀河間空間にまき散らされる。「銀河風」と呼ばれる現象で、いわば、銀河の「爆発」ともいえよう。

もう一つ、超新星残骸が作り出すものとして重要なのが、宇宙線と呼ばれる高エネルギー粒子である。宇宙線とは、宇宙空間をほぼ光速で飛び交っている陽子や種々の原子核、電子などの粒子のことである。それが銀河系の星間空間全体をあまねく飛び交っており、そして地球にも降り注いでいる。ほぼ光速で飛び交うということは、陽子であれば、その運動エネルギーは静止質量エネルギーの1ギガ電子ボルト［GeV］以上ということだ。だが、宇宙線のエネルギーは実に幅広い。観測されている宇宙線の最高エネルギーは、実に1000億ギガ電子ボルトである。エネルギーが高い宇宙線ほど、むろん、数が少なくなる。しかし宇宙線全体として持っているエネルギーは星間空間においてけっして無視できない。星間ガスの熱エネルギーや運動エネルギー、磁場の持つエネルギーに匹敵し、星間物質の運動や進化に大きな影響力を持っている。

このような高いエネルギーを持つ粒子が一体どこで作られているのか、その全貌はまだ天文学上の大きな謎の一つである。だが、比較的低エネルギー（100万ギガ電子ボルト以下）の宇宙線は、我々の銀河系のなかの超新星残骸で作られているという説がほぼ確立している。超新星残骸は、爆発が作り出した衝撃波が星間空間を伝搬しながら拡がっている天体であった。その衝撃波面を境に粒子が行ったり来たりすると、数としては稀だが極めて高いエネルギーにまで加速されるのだ。両側から壁が迫り来るなかで何度も壁にはじき返されるピンポン球を想像するとよい。

実際にこの説を支持するものとして、超新星残骸から高エネルギーのガンマ線が放射されていることが、ガンマ線天文学でわかっている。高エネルギーの宇宙線が星間ガス粒子と衝突し、ガンマ線を出すのである。そして本書を書き上げて最終チェックを行っている最中、日本と中国の共同プロジェクトが、「ペバトロンが銀河系内に存在している証拠をつかんだ」というニュースが飛び込んできた。チベット高原で、宇宙から飛来したガンマ線が地球大気に突入したときに生成される粒子シャワーを捉えている観測装置である。この観測で、10万ギガ電子ボルトという高エネルギーのガンマ線が、天の川つまり銀河系の円盤部にそって強く放射されていることが突き止められた。10万ギガ電子ボルトのガンマ線を出すには、元の宇宙線のエネルギーはその10倍、100万ギガ電子ボルト以上でなくてはならない。この観測結果は、1ペタ電子ボルト〔PeV＝100万GeV〕の宇宙線が、銀河系の中で普遍的に作られていることを示している。「ペバトロン」とは、1ペタ電子ボルトまで粒子を加速できる加速器、という意味で、銀河系内の最高エネルギー宇宙線の生成源のニックネームである。

だが、具体的にどのような超新星残骸なら1ペタ電子ボルトまで加速できるのか、一つ一つのペバトロンの探索はこれからである。さらには、1ペタ電子ボルトを越えて1000億ギガ電子ボルトまで延びる高エネルギー宇宙線の起源は、銀河系の外にあると考えられているが、その解明もまた今後の天文学の大きな課題として残されている。

第八章

超新星より凄いやつ

――ガンマ線バーストの物語

人類の危機から生まれた発見

１９６２年、人類は全面核戦争で滅亡する一歩手前まで突き進むという危険な状態に陥った。キューバ危機である。結局、全面戦争の寸前で危機は回避されたが、この事件を契機に、米ソ両国は核戦争の回避のための措置をとることになった。両首脳の間のホットラインの開設が有名だが、１９６３年には部分的核実験禁止条約も締結された。

この条約をソ連が遵守しているかどうか監視するために、アメリカは大気圏や宇宙空間での核爆発を検知する人工衛星を打ち上げた。ヴェラ衛星と呼ばれるもので、１９６３年から１９７０年までに合計12機が軌道に投入された。核爆発が放出するX線、ガンマ線（X線よりさらに光子エネルギーの高い電磁波）や中性子などの検出器が搭載されていた。

この衛星群が、本来の目的である、人類によって起こされた核爆発を検出することはなかった（１９７９年にインド洋上でそれらしきシグナルが検出され、南アフリカ共和国とイスラエルの共同核実験という説もあるが、詳細は不明のようである）。だがそのかわり、規模としてははるかに巨大な、宇宙における自然現象の大爆発を発見することで、ヴェラはその名を残すことになった。

１９６７年７月２日、ヴェラ衛星群は核爆発とは思えない謎のガンマ線の発光現象を検出した。４機の衛星でほぼ同時に検出しているので、おおまかな到来方向がわかる。ガンマ線も電磁波の一種だから、光速で伝搬する。したがって、その到来方向に応じて、４機の衛星における検出時刻にわずかな差が生じるのである。その結果、地球や太陽で起きている現象ではなく、宇宙から到来していることが判明した。１９７２年までに16個の同じような現象を確認し、米国天文学会のジャーナルに論文として報告されたのは１９７３年であった。これ以後、新たな天文現象として天文学の研究対象となる。

図8－1　ヴェラ衛星
写真は5A・5B（NASA）。

余談ながら、ヴェラ（Vela）という名前はスペイン語で「徹夜の見張り番」という意味からつけられたそうである。ちなみにこの単語には他に、「ロウソク」や「帆」といった意味もある。ほ（帆）座の方向、地球から８００光年先にある、約一万年前に起きた超新星の残骸中に発見されているパルサーは「ヴェラパルサー」として有名であるが、こちらは「帆」の意味である。

どれだけ明るいのか？

ヴェラ衛星が検出した謎の天体現象の特徴は以下のようなものである。天球上のある方向から、あるとき突然、強烈なガンマ線の放射が到来し、1秒とか10秒、長いものでもせいぜい100秒程度で消えてしまう。天体現象としてはかなり短時間で、激しい時間変動を示す天体といえる。ガンマ線は光子のエネルギーが0・1メガ電子ボルト以上、つまり可視光線より10万倍以上もエネルギーが高いものをいう。これよりエネルギーの高い電磁波はすべて「ガンマ線」なので、そのエネルギー範囲もいわば無限に広いのであるが、ガンマ線バーストが典型的に放出するガンマ線はその下限（X線との境界）に近く、1メガ電子ボルト付近でもっとも明るい。

このような謎の爆発現象が、全天を観測していれば一日におよそ1個ぐらい見つかるという頻度で起きている。その明るさ、つまり我々が受け取るエネルギーの強さは、検出器の面積を1平方メートルとすれば、毎秒10億分の1ジュールを受け取るようなものである。こう書くと、ごく微小なエネルギーと思えるかもしれないが、天体現象としてみれば相当な明るさである。実際、これは可視光線でいえば2等級程度の星の明るさに対応する。肉眼で見える星の中でも明るい部類である。もし、我々の目がガンマ線に感度があれば、毎晩、空のどこかで、わずか数十秒ほどの間だけ、これほど明るくなる発光現象が起きていることになる。

それだけではない。後に述べるように、これらガンマ線バーストは、宇宙論的な遠距離からやってきている。ふだん、我々が目にする2等星は、銀河系の中でも太陽にごく近い恒星たちで、ガンマ線バーストに比べれば、お話にならないほど近い距離にある。それらに匹敵する明るさで輝くガンマ線の発光現象が、何十億光年彼方という最遠方の銀河で起きているといえば、そのすさまじさがわかっていただけるのではないだろうか。

銀河系内の中性子星か？

こうして、新たな謎の爆発的天体現象として天文学の世界にデビューしたガンマ線バーストだが、20年後の１９９０年代に入るまで、その観測はなかなか進展しなかった。１９７０年前後といえば、目に見える可視光線以外の波長の天文学はまだまだ黎明期にあった時代である。波長の長いものでは、カール・ジャンスキーが１９３１年に、銀河系中心からやってくる電波を偶然に発見したことで始まったが、微弱な宇宙電波を観測する天文学専用の大望遠鏡が世界で作られはじめたのは１９５０年代からである。日本で電波天文学といえば野辺山《のべやま》観測所が有名であるが、

1970年頃といえばようやく野辺山で太陽からの電波の観測が始まった頃である。今も現役の口径45メートル電波望遠鏡が完成して宇宙からの電波を観測しはじめたのは1982年以降の話だ。

ガンマ線同様、可視光より光子エネルギーが高く、ガンマ線と可視光の中間に位置づけられるX線の天文学が始まったのは、1962年に打ち上げられたロケットによって太陽以外の天体から初めてX線が検出されたときである。本格的な人工衛星によるX線天文学が始まったのは1970年代以降であり、日本のお家芸ともいわれるX線天文学だが、我が国初のX線天文衛星「はくちょう」の打ち上げは1979年であった。X線天文学ですらまだ始まったばかりであったわけだから、ガンマ線で天文学を行うなどまだまだ想像すらできない天文学者が多かったことだろう。1970~1980年代に、ガンマ線バーストの研究がほとんど進まなかったことも無理からぬことである。

そのような状況で、ガンマ線バーストはどんな天体だと考えられていたのだろう？　そのもっとも顕著な特徴は、わずか数十秒で終わってしまうという短さである。さらには、バーストとして輝いている間にも、1秒よりさらに短い時間スケールでその強度は激しく変動する。このような短い時間スケールからすぐに連想するのはやはりパルサーである。パルサーが中性子星であると推論する上でも、そのパルス周期の短さは決定的に重要であった。このような短い時間内に放射シグナルを送ろうとすれば、必然的にその放射領域はコンパクトでなければならない。星スケールの天体でいえば、白色矮星よりさらに小さな中性子星やブラックホールが怪しいと、パルサーの存在を知っている天文学者ならすぐに思いつくはずだ。

そんなわけで、データが極めて乏しい中、確たる証拠があるわけではないが、我々の住む銀河系の中の中性子星が何らかの活動をしているのだろう。だとすれば、星が集中する銀河円盤に沿って存在しているはずであり、正確な位置がわかったガンマ線バーストの数が増えてくれば、天球上で銀河円盤に沿った領域、つまり天の川の方向に集中していることが見えてくるだろう……多くの天文学者がそんなふうに考えていた。しかし多くの例に漏れず、この人間の安易な予想は外れ、宇宙は想定外の新たな驚きを天文学者たちにもたらすことになる。

コンプトン衛星の登場

1991年、スペースシャトル・アトランティス号から、巨大な人工衛星が軌道に投入された。コンプトンガンマ線観測衛星である。4種類もの多様なガンマ線観測装置を搭載し、10キロから30ギガ電子ボルトにわたる広いエネルギー範囲のガンマ線で宇宙を観測した。この衛星によって、ガンマ線天文学は本格的に始まったといっていいだろう。その重量は実に17トン、これまでに世界中で打ち上げられた無数の人工衛星の中でも最大級である。日本の天文観測衛星で最大のものは、２０１６年に打ち上げられ、不慮の事故で惜しくも失われたX線天文衛星「ひとみ」の２・７トンであることを考えれば、その巨大さがわかるだろう。

このコンプトン衛星は、あのハッブル宇宙望遠鏡、X線天文学のチャンドラ衛星、赤外線天文学のスピッツァー衛星と合わせて、米国の「グレート・オブザバトリーズ（偉大な天文台）」の一翼を担った。日本ぐらいの規模の国では、どの衛星一つとっても実現は難しいだろう。これほどのものをほぼ同時期に４つも打ち上げたのは、絶頂期の米国の国力のなせる業というべきか。衛星の名前は、X線やガンマ線が粒子のように振る舞い、電子と衝突してエネルギーを失う「コンプトン散乱」を発見したアメリカの物理学者、アーサー・コンプトンにちなむ。

この衛星の４つの検出器の一つがBATSEと呼ばれるもので、これがガンマ線バーストの研究に革命的進展をもたらした。全天の数十パーセントを常にモニターし、多くのガンマ線バーストの検出に成功した。到来方向の決定精度も従来より格段に向上し、角度にしてざっと数度の精度で到来方向を決めることができた。このBATSEが明らかにしたガンマ線バーストの重要な性質が二つある。バーストの到

図8－2　コンプトンガンマ線観測衛星（NASA）

来方向と、明るさの分布である。

すでに述べたように、到来方向について当時の大方の予想は、銀河面に沿って集中するだろうというものだった。だがＢＡＴＳＥが明らかにした到来方向の分布は、全天においてほぼ等方的、つまり空のどの方向を見ても同じような頻度でガンマ線バーストが発生していたのである。この結果を見て、天文学者がまず考えるのは、ガンマ線バーストは銀河系の外からやってくるという可能性だ。宇宙は、我々が見渡せる１３８億光年の範囲内で一様かつ等方に拡がっているのだから、銀河系外の天体からやって来る場合、到来方向が等方的になるのは当然だ。

そしてこの可能性をさらに支持する観測結果も得られた。それが、明るさの分布であった。３次元空間にある種の天体が一定の密度で存在しているとしよう。我々に見える天体の明るさは、距離の２乗に反比例して暗くなる。一方で、ある距離までに存在する天体の総数は体積つまり距離の３乗に比例する。その結果、暗い天体ほど数が多いということになり、明るさと数にはある一定の関係が予想される。ところが、ＢＡＴＳＥが明らかにしたガンマ線バーストの数と明るさの関係は、この予想に比べて、暗いバーストが少なくなっていたのである。暗いということは遠くにあるわけだから、一定密度の場合に比べて、遠くのバーストの数が何らかの理由で減っていることになる。

この事実は、ガンマ線バーストが銀河系外の天体で、しかも宇宙論的な遠距離にあると考えると自然に説明できる。「宇宙論的な遠距離」というのは、現在の宇宙年齢である138億年で光が到達できる、138億光年に比肩しうる程度の距離、という意味だ。もちろん、138億光年以上の距離にある天体は原理的に観測できないが、一般的に50億光年以上の距離にあるような天体は、宇宙論的な遠距離といってもよかろう。これほどの遠距離にあると、宇宙膨張の効果により、暗い天体が相対的に少なく見えるのである。

こうして、コンプトン衛星BATSE検出器はガンマ線バースト研究に一大転機をもたらした。それを開発したチームの本拠地が、米国アラバマ州ハンツビルという町にあり、その後、ガンマ線バーストの国際会議が定期的にこの町で行われるようになった。筆者も行ったことがあるが、なかなかの田舎町である。国際会議の合間のエクスカーション（小旅行）では、近くのテネシー州にあるジャック・ダニエルの蒸留所に連れて行かれたことも良い思い出である。アメリカというのは面白い国で、この蒸留所がある郡では、条例により酒を造るのは構わないが、飲んではいけないことになっている。禁酒法の名残《なごり》であろうか。そのため、蒸留所ツアーにつきものの試飲などはなかった。

なぜ、こんな町が本拠地であったかというと、NASAの一大拠点だからである。一般人向けの博物館であるスペースロケットセンターなどもある（逆にいえば、それぐらいしかない）。私が米国に入国する際、入国審査で渡航目的を「観光」と答えたところ、審査官に怪訝な顔をされ、「なんでハンツビル？　あんなところ、何もないだろ？」と聞かれて焦ったことがある。正しくは、国際会議に出席するというべきだったかもしれないが、ビジネスや商用という感じでもなく、面倒なので「観光」と答えてしまったのである。とっさの機転で、スペースロケットセンターに行くので、といったら無事に通してくれた。以後、面倒でも「天文学の国際会議」と正確に答えるようにしている。

余談が過ぎたついでに、入国審査についてもう一つ、面白いエピソードがある。私の友人がイスラエルで研究員の職を得て、いざ入国審査に臨んだとき、「お前は何の研究をしているんだ？」と聞かれ、その友人は素直に「ガンマ線バースト」と答えた。何でもないことのようだが、常に戦争と隣り合わせの国で、このような言葉を口にするのはやはり慎重にすべきかもしれない。その友人はしばらく別室に連れて行かれて、「ガンマ線バーストとは一体何か？」と、相当詳しく審査を受けるはめになったそうである。

宇宙論的な遠方か、銀河系ハローか？

ＢＡＴＳＥ検出器の観測結果により、ガンマ線バーストの宇宙論的遠距離説が一気に有力になったことはいうまでもない。だが、対抗する説がなかったわけでもない。距離が遠いとなると、難しいことも出てくるのである。それはガンマ線バーストが放出する全エネルギーの大きさだ。これは我々にとっての見かけの明るさと距離から計算することができ、当然ながら、距離が遠いほうが、ガンマ線バーストが生み出している全エネルギーは大きいということになる。宇宙論的遠方説を取る場合、その全エネルギーはざっと10の44乗ジュールとなる。

一見この数字は、宇宙論的遠方説としてもっともらしい数字と見えないこともない。読者の皆さんも、この数字に見覚えがあるのではないだろうか。そう、超新星の典型的な爆発エネルギーとピタリと一致するのだ。となるとガンマ線バーストも、超新星と同じような、星の進化の最期に迎える爆発に関連していると考えたくなる。だが、話はそう単純ではない。超新星の爆発エネルギーとは、星の外層が吹き飛んでいく運動エネルギーであった。可視光の放射として光るのは、すでに述べたとおり、崩壊する放射性物質が出すエネルギーによるものであった。それは爆発エネルギーのざっと100分の1でしかない。だが、ガンマ線バーストが宇宙論的な距離にあるとすれば、超新星の爆発エネルギーに匹敵し、可視光として出るエネルギーの100倍ものエネルギーがガンマ線だけで出ていることになる。そんなことが可能だろうか?

この点を気にする人は、ガンマ線バーストは宇宙論的な距離にあるのではなく、もっと近くでエネルギーの小さな爆発だと考えたくなる。だがその場合、到来方向の一様性と、明るさ分布で暗いバーストが少ないことを何とか説明してやる必要がある。そこで考え出されたのが、ガンマ線バーストは銀河系のハローに分布しているという説だ。光っている星の質量のざっと10倍もの暗黒物質が球状のハローとして、銀河円盤の周りに拡がっている。その拡がりのサイズも、光っている円盤の10倍もあると考えられている。このハローの中には、まったく星がないわけではない。ハローは銀河円盤よりも早くに形成されたと考えられ、大昔に形成された古い星はハロー中に散在している。

ガンマ線バーストはそのようなハロー中の星が引き起こしているとすれば、そのハローの中心に近い位置にある太陽系から見たとき、その到来方向はほぼ一様になるはずである。また、ハローの端にいけば天体の数が少なくなるから、遠い（暗い）バーストの数が減るのもうまく説明できる。こうして、宇宙論的遠距離説と銀河系ハロー説が対峙する構図が生まれたのである。

１９９５年４月22日、米国の首都ワシントンＤＣにある有名なスミソニアン自然史博物館において、ある討論会が催された。ガンマ線バーストの距離スケールを巡り、宇宙論的遠距離説を唱えるボーダン・パチンスキーと、銀河系ハロー説を唱えるドナルド・ラムを主な講演者として、白熱した議論が行われたのである。実はこの討論会には、歴史的な意味が込められていた。１９２０年４月26日、スミソニアン博物館のその同じ講堂において、「大論争（The Great Debate）」として天文学の歴史に残る討論会が行われた。１９９５年の討論会は、その75周年を記念して開かれたイベントだったのである。

1920年の大論争のテーマは、当時、「渦巻き星雲」と呼ばれた天体が、我々の銀河系の中のものなのか、あるいは、もっと遠方で我々の銀河系の外にあり、銀河系と同じような巨大な星の集団なのか、というものであった。前者を代表したのがハーロー・シャプレーで、後者を代表したのがヒーバー・カーティスであった。1920年と1995年の二つの討論は、どちらも未知の天体の距離スケールに関するものであったわけだ。昔も今も、見えている天体まで出かけていくわけにいかない天文学で難しいのは、天体までの距離を測ることである。

その意味で、1995年の討論会は実に心憎い演出であったといえるだろう。聴衆の中には、シャプレーの息子で、アポロ計画に事務官として携わったウィリス・シャプレーや、ガンマ線バーストの発見者であるレイ・クレベサデルとイアン・ストロングもいたというのだから、なんとも豪華な討論会である。著者がガンマ線バーストの研究に取り組み始めたのは1997年なので、わずかな差で、参加することができなかったのが残念である。

そしてもう一つ、この二つの討論会には共通点がある。どちらの問題も、討論会の後、ほどなく解決したという点である。1920年の大論争は、1924年にハッブルがアンドロメダ星雲の中に変光星を発見し、それを使って距離を割り出すことでカーティスに軍配があがった。一方のガンマ線バーストは、討論から2年後の1997年に劇的な進展を迎えることになる。

ガンマ線バーストの正体は何か

この時点で研究者たちは、ガンマ線バーストとは一体どのような天体現象だと考えていたのだろうか。1997年の革命について筆を進める前に、そのあたりを説明しておこう。こうした謎めいた現象が発見されると、それが何なのかという謎解きは、自然科学の中でももっとも面白い研究テーマであり、いわゆる「理論研究者」がさまざまなモデルや仮説を提唱するのが常である。多くの研究者を惹《ひ》きつけるような新現象であれば、それこそ雨後の筍《たけのこ》のごとく、珍説・奇説を含む多くの仮説が提案される。もちろん、そのほとんどは後に棄却されることになるのだが、その時点で成立する仮説であれば、後に棄却されたとしても、別に批判されたりすることはない。理論屋の気楽なところで、100個の（結果的に）間違った説を提唱しても、一つ当たれば英雄になれるというわけだ。

とはいえ、珍説・奇説を除いて残る有力な説というのはそう多いものではない。ガンマ線バーストの場合、やはりその短い時間スケールから考えて、中性子星やブラックホールに関連したシナリオが基本となる。そしてもう一つ重要な情報としては、「ガンマ線バーストは繰り返して起きない」という事実である。つまり、超新星爆発など、星の進化の最期に起こる一度きりの現象が有力な容疑者ということになる。

だが、超新星に比べて、ガンマ線バーストが一つの銀河で発生する頻度は1万分の1以下である。つまり普通の超新星がガンマ線バーストを起こすとは考えにくく、超新星だとすればよほど特殊な超新星ということになる。その条件とは何か？　また、超新星がガンマ線バーストを引き起こすと考えると、もう一つ厄介な問題がある。どうやってガンマ線が外に抜け出してこられるか、という謎である。

これは、ガンマ線バーストの正体を考える上で極めて重要な物理的考察であった。ガンマ線バーストはせいぜい10秒ほどで終わってしまう現象であり、ガンマ線が作られる領域の大きさは、それに光速度をかけた10光秒（３００万キロメートル）以下と考えるべきである。一方、ガンマ線の全エネルギーが10の44乗ジュールということから、その領域内に発生したガンマ線光子の総数も計算できる。するとそこで問題が生じる。そのような小さな領域にそれだけの数のガンマ線を詰め込むと、密度が高すぎて、ガンマ線同士が衝突して外に出てこられないはずなのである。ガンマ線バーストのガンマ線は光子として1メガ電子ボルト以上のエネルギーを持つものがある。このエネルギーは電子の静止質量エネルギーを超えているため、光子同士が衝突し、電子とその反粒子である陽電子のペアに変化してしまうのだ。

これはガンマ線バーストの継続時間と明るさだけから導かれる簡単な考察だが、それだけに根本的な問題といえる。だが、これを物理学的に自然に解決する方法が一つある。放射領域が光速に匹敵する速度で運動している場合である。例えば、放射領域が我々に向かって光速の90％で運動しているとしよう。ある時刻に放射された光は光速で進み、それを放射した領域はその90％で進む。1秒後、放射領域は別の光を放射する。最初の光は1光秒進み、放射領域は0・9光秒だけ進んでいるから、その間の距離は0・1光秒である。この差を保ったまま、光は観測者に届き、そのときの二つの光の到着時間差は0・1秒である。1光秒程度の大きさの領域から放射された光が、0・1秒の時間差で届いたことになる。見かけ上、放射領域のサイズに比べて短い時間間隔でバーストが観測されうるのだ。

ガンマ線バーストもおそらくこの理由で、ガンマ線が出てこられるのだろうと、早くから理論的に予想されていた。ただ、ガンマ線バーストのガンマ線が外に出てこられるためには、必要な放射領域の運動速度は光速の90％などというなまやさしいものではない。もちろん、光速を超えることはできないが、光速の実に99・995％以上の速度が必要となる。要するに、ほとんど光速と変わらない速度で、放射領域そのものが運動していることになる。活動銀河核から放出されるジェットは光速の99・5％に到達することがすでに知られていたが、ガンマ線バーストの速度はそれをさらに上回るもので、光を除いて、領域や物体の運動としては宇宙最速といっていいであろう。

このことが、超新星でガンマ線バーストを作ることの難しさにつながる。相対論によれば、ある物体がほぼ光速で飛ぶということは、その運動エネルギーに比べて、含まれる物質の質量がごく小さいということになる。ガンマ線バーストの、10の44乗ジュールのエネルギーを生み出す領域が上記のスピードで運動するためには、そこに含まれる質量はわずかに太陽質量の10万分の1以下でなければならない。超新星は、太陽よりざっと10倍以上重い星が起こす現象であった。そんな大量の質量に囲まれている中で、太陽の10万分の1の物質しか含まれない領域に、超新星の全爆発エネルギーに匹敵するエネルギーを注入しなければならない。これはなかなか難しそうである。

この問題を緩和するために提案された説が、連星中性子星の合体であった。太陽は一つの孤立した恒星として存在するが、実は銀河系の恒星の半数程度は、二つの星が重力で束縛され、お互いの周りを公転する「連星」である。大質量の星同士の連星の場合、二つの星が相次いで超新星爆発を起こし、中性子星同士の連星となる。Ia型超新星の発生源の候補とされる白色矮星同士の連星と同じように、中性子星同士の連星もまた、重力波の放出により二つの星の間の距離が狭まり、やがて合体してしまう。

その時に、膨大な重力エネルギーが重力波や電磁波として放出されるはずである。そこで、ガンマ線バーストもその時に起こるのではないかという説が提唱された。この説の利点は、中性子星の周囲の物質が少ないため、超新星に比べて放射領域の超高速運動を実現しやすいところである。連星中性子星の合体が起こる頻度も超新星に比べてかなり低く、不確実性の範囲内でガンマ線バーストの頻度とまずまず合う。

こうして、超新星のような大質量星の重力崩壊か、あるいは連星中性子星の合体か、という二つの有力な説を中心に議論が行われていたのである。

複数の種族の判明

当初、一つの種族と思われていた天体が、実はいくつかの異なる種族を含んでいることが判明するということが、天文学ではしばしば起こることは超新星を例に前章でも触れた。ガンマ線バーストも例外ではなかった。

まず、「軟ガンマ線リピーター」と呼ばれるものが分化した。ほとんどのガンマ線バーストは一度きりの爆発だが、天球上の同じ場所で繰り返して起こる種族がわずかに含まれていることが判明した。その種族は銀河円盤に沿って分布していることから、銀河系内で起きていることは明らかである。やがて、これらは銀河系内の若い中性子星で、とくに強大な磁場を持つものが、その磁場をエネルギーとして時々爆発を起こしていることがわかった。そうした天体は銀河系内に10個程度見つかっている。名前の「軟」は、ガンマ線のスペクトルの性質を表している。ガンマ線の強度が高エネルギーのそれに比べて弱い（可視光でいえば「赤い」ことに対応する）場合を、天文学では「スペクトルがソフト（軟）である」という。その逆は「ハード（硬）」である。

この軟ガンマ線リピーターを除くと、ガンマ線バーストは、ほとんど一つの種族のように見える。だが、ガンマ線バーストの継続時間の分布を見てみると興味深いことがわかった。分布のヒストグラムを作ると、継続時間が２秒より長いものと、２秒より短いもので二つの山が見えて（図８－３）、あたかも独立な二つの種族があるように見えるのである。この二つは、本質的に同じ種族で、単に分布が二つの山になっているだけなのか、本質的に異なる種族なのか？　それも後に解明されることになる。

１９９７年の革命

このような状況で、ガンマ線バーストの研究を一気に推し進める革命が１９９７年に起きた。立て役者は、イタリアとオランダが共同開発したＸ線・ガンマ線天文衛星「ベ

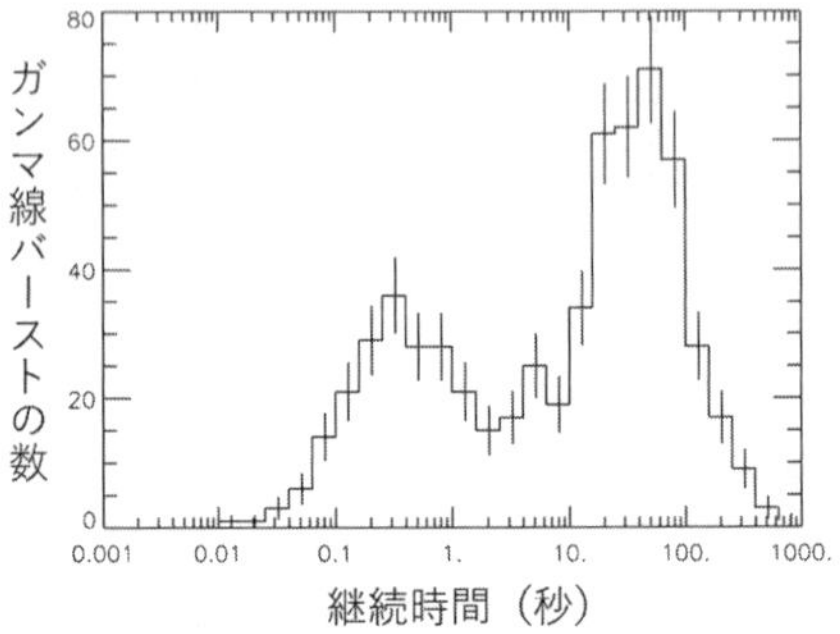

図８－３　ガンマ線バーストの継続時間
（コンプトン衛星BATSEによる／NASA）

ッポサックス」である。この衛星の長所は、ガンマ線バーストが検出されたら、すぐにその方向へ自身の持つX線検出器を向けることができたことである。そのおかげで史上初めて、1997年2月28日のガンマ線バーストの残光として、だんだん暗くなっていくX線源を検出することができた。

X線での天文観測は、ガンマ線に比べて到来方向の決定精度が格段に高い。そのためX線残光が見つかれば、ガンマ線バーストの位置はより正確に定まり、さらに角度分解能が高い（が、そのかわり視野が狭い）可視光望遠鏡を向けることも可能になる。こうして立て続けに可視光や電波の波長での残光も検出された。そして可視光の残光が見つかれば、それを分光観測することもできる。宇宙論的な遠距離にあるのなら、遠方銀河と同じく、宇宙膨張によって我々から遠ざかっているため、原子のスペクトル線の波長が赤方偏移で長くなって見えるはずである。果たせるかな、同年5月8日に発生したガンマ線バーストの可視光残光をハワイのケック天文台で観測したところ、たしかに波長が1・8倍に伸びていることが確認された。ガンマ線バーストが宇宙論的

図8－4　X線・ガンマ線天文衛星ベッポサックス（ASI：イタリア宇宙機関）

遠方にあることの、決定的で文句のつけようがない証明であり、ここに長年の論争に終止符が打たれたのである。ちなみにこのケック天文台というのは、口径10メートルの分割鏡による2台の望遠鏡からなり、すばる望遠鏡のすぐお隣にある。1997年当時、残念ながらすばる望遠鏡はまだ稼働していなかった。

この当時、私は大学院博士課程の学生で、ガンマ線バーストに関心を持ち、ガンマ線バーストについて初めての論文を準備中であった。ガンマ線バーストが宇宙論的な遠方にあり、超新星や中性子星に関連した現象であるなら、その発生頻度は宇宙のその時の星形成活動の指標となる。宇宙では遠くを見ることは過去を見ることだから、ガンマ線バーストの明るさ分布を解析することで、宇宙における星形成や銀河形成の歴史がわかる、という趣旨の論文であった。ガンマ線バーストの最新観測結果が通報される研究者向けウェブサイトで「5月8日のバーストで赤方偏移が見つかった」という報告を読んだときは鳥肌が立ったものである。

ちなみに、こうした革命時には、いろいろ面白いことが起こるものである。赤方偏移が報告される少し前、2月28日のバーストでは、ハッブル宇宙望遠鏡の可視光残光データを解析したあるチームは、この可視光残光の天球上の位置が少しずつ動いているという衝撃的な報告を行った。同じ速度で天体が運動していても、我々からの距離が近い方が、天球上での見かけの速度は大きくなる。この場合、宇宙論的遠距離ではそのような速い動きはあり得ず、むしろ銀河系ハロー説を支持する決定打になる。宇宙論的遠方説で論文を準備していた私としては、せっかくの書きかけの論文がゴミ箱行きになりかねない。ちょっと勘弁してよ、と思ったものであるが、幸い、すぐに他チームから否定的な結果が出て、この話は消えた。

これ以降、距離（赤方偏移）が決まったガンマ線バーストが続々と増えていった。距離が決まれば、見かけの明るさと合わせて、バーストが放ったガンマ線の全エネルギーを算出できる。距離が宇宙論的であれば、超新星の爆発エネルギーと同程度で10の44乗ジュール程度だろうと予想はされていたわけだが、実際にさまざまなバーストの全エネルギーを正確に測ってみると、個体によるバラツキも非常に大きいことがわかった。驚くべきことに、中には、超新星の1000倍、10の47乗ジュールを超えるものまで見つかってきた。これは、太陽の静止質量エネルギーに匹敵する量で、ここまで大きくなると、いかに大質量星の重力崩壊でも生み出すことは困難である。この大きさのために、ガンマ線バーストを「宇宙最大の爆発」と呼ぶこともある。

本当にここまでエネルギーが大きいと、理論的に説明することは大変困難になってしまう。だが実は、真に解放されるエネルギーはそこまで大きくないと考えられている。上記の見積もりは、すべての方向に同じようにガンマ線が放出されたと仮定していることに注意しよう。ある特定の方向にだけ集中してガンマ線が放射されていて、我々はたまたまその方向にいる、と考えれば、真のエネルギーは小さくなる。

実際、宇宙にはそのように方角的に鋭く絞られた放射を行う天体がいくつか知られている。活動銀河核のブラックホールにガスが落ち込む際に、ほぼ光速のジェットが生み出されることは述べたが、これも非常に細く絞られているものが多い（第七章）。ガンマ線バーストでも、中心にブラックホールができれば、そのようなジェットができてもおかしくはない。これなら、ガンマ線バーストの真のエネルギーを小さくすることができるし、また、「ガンマ線が外に出てこられない」という問題も解決できるから、一石二鳥だ。

こうして、ガンマ線バーストの距離が確定してからほどなく、多くの研究者は、ガンマ線バーストはほぼ光速のジェット状の爆発だと考えるようになった。そして、その観測的証拠もいくつか見つかってきた。とくに決定的なのは、電波残光の超光速運動であった。電波による天文観測では、干渉計という重要な技術がある。遠く離れた複数の電波望遠鏡で受けた電波を、コンピュータ解析で波として干渉させることで、口径数千キロメートルという地球に匹敵するサイズの電波望遠鏡で観測したような、極めて高い角分解能の撮影を実現できるのである。この技術を用いて、おとめ座銀河団の中心にあるM87銀河の巨大ブラックホールを撮影することに成功したというニュースは記憶に新しい。

ガンマ線バーストに電波残光が見つかるようになると、当然この干渉計を用いた観測も試みるわけだが、すると電波残光の到来方向（天球面上の位置）が、時間とともに移動していることが検出された。先ほど、宇宙論的遠方では可視光の残光が動いて見えることはないと述べたが、電波による高精度観測なら検出可能になるのである。バーストまでの距離を使うと、電波源の移動速度を計算できるが、それが何と光速を超えている。超光速運動と呼ばれる現象である。

しかし相対性理論によれば、光速を超えて運動する物体など存在し得ないのであった。これも、もちろん見かけ上の動きである。より正確にいえば、電波源が我々からの視線方向に対し垂直に運動していると仮定したために、光速を超える速度になってしまった。だが、ジェットが我々の方を向いてほぼ光速で運動し、そのジェットの先端から電波が放射されているとどうなるだろう。ジェットの方向と我々がいる方向がわずかにずれているため、電波源の方向は時刻とともに変わっていくが、放射領域自体もほぼ光速で我々の方向に動いている。つまり、我々までの距離を縮めているわけだから、後から放たれた光の到着時間もそれだけ早まる。そのために見かけ上、光より速く運動しているように見える。

つまり、電波残光の超光速運動は、ガンマ線バーストがほぼ光速のジェット状の爆発であることの大きな証拠となった。残された謎は、一体どんな天体がこの爆発を引き起こしているのか、ということである。

長いガンマ線バーストと超新星

こうして残光が見つかり、位置がよく決まるようになってきたバーストは、実は継続時間が長いほうの種族のみであった。検出装置の性質上、短いバーストの残光検出は難しかったのである。そのためバースト発生源の正体も、長いバーストのほうが一足先に暴かれることになった。

長いバーストの発生位置がわかると、その場所にバーストが起きた銀河（母銀河と呼ぶ）が見つかる。母銀河の性質を調べていくと、すぐに次のことがわかった。長いバーストの母銀河は例外なく、渦巻き銀河や不規則型銀河など、現在も活発に星が生まれ続けている銀河だったのである。銀河の中でも、楕円銀河と呼ばれるものは古い星の集まりで、現在はほとんど新しい星が生まれていない。そのような銀河では長いガンマ線バーストは起きないということだ。これが、バーストの発生源を考える上で強力なヒントになる。前章で重力崩壊型超新星とIa型超新星の違いについて触れたように、この事実は、長いバーストが重力崩壊型超新星と同じように、太陽より重くて寿命の短い星によって生み出される現象であることを強く示唆している。逆に、もう一つの有力候補であった連星中性子星合体ならば、合体までに宇宙年齢に匹敵する長い時間がかかるため、Ia型超新星のように楕円銀河でも起こるはずである。

この結果、長いバーストは超新星に関係した現象であると、多くの研究者が確信するようにな

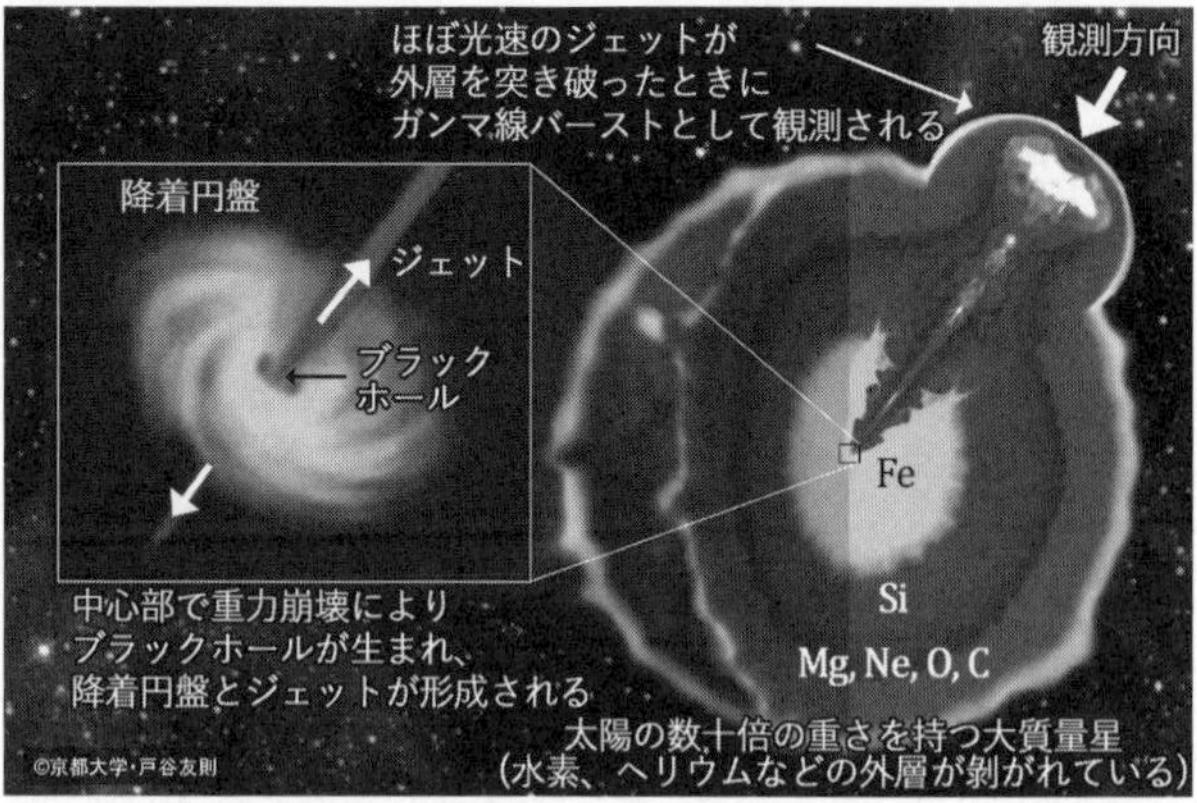
ほぼ光速のジェットが
外層を突き破ったときに
ガンマ線バーストとして観測される
観測方向
降着円盤
ジェット
ブラック
ホール
Fe
Si
Mg, Ne, O, C
中心部で重力崩壊により
ブラックホールが生まれ、
降着円盤とジェットが形成される
太陽の数十倍の重さを持つ大質量星
（水素、ヘリウムなどの外層が剥がれている）
©京都大学・戸谷友則

図8－5　長いガンマ線バーストの想像図

った。そして実際、ガンマ線バーストと超新星爆発が同時に発生したケースも見つかるようになった。その最初の例は１９９８年4月25日のバーストである。ただ、この例はやや特殊で、研究者をさらに悩ませることになった。多くのガンマ線バーストは、50億光年以上の遠方で起きるが、このバーストはわずか1億光年という比較的近傍で起きていたのである。バーストの見かけの明るさはとくに明るいものではなかったので、距離を考慮した真の解放エネルギーでいうと、典型的なバーストの1万分の1程度の小ささ。どうやら、ガンマ線バーストの真の明るさには相当なばらつきがあるようだ。

　数十億光年以上の遠方で起きるバーストに伴う超新星を捉えることは容易ではない。距離が遠いので超新星の明るさは暗くなるし、バーストの強烈な残光に隠されてしまうからだ。それでも、残光の成分を丁寧に差し引くことで、たしかにバーストと同時に超新星爆発が起きている例が、２００３年に発見された。これにより、長いバーストは超新星爆発に付随して起こる現象であることが確立した。

バーストに付随して起こる超新星爆発の特徴もまた、興味深いものであった。ガンマ線バーストと同時に起こる超新星爆発は、すべてIc型と呼ばれるタイプだったのである。これは、超新星のスペクトル中に水素とヘリウムの吸収線が見られないもので、元々存在した水素とヘリウムの外層がはぎ取られた状態で爆発すると考えられているものであった。この事実もまた、ガンマ線バーストの描像と整合的である。ガンマ線バーストを起こすには、ほぼ光速のジェットを作らねばならない。中心でブラックホールが誕生し、そこからジェットを出すのはよいが、それが星の外層を突き破って外にまで達する必要がある。大量の質量を持つヘリウムや水素の外層が残ったままなら、そうしたジェットが外に飛び出てくる前にせき止められてしまうであろう。

こうして、長いガンマ線バーストの全体像はほぼ確立した。それは図８－５のようなものである。

最後の謎・短いバーストと重力波天文学の誕生

最後までなかなか正体を現さなかった短いガンマ線バーストも、２００４年にガンマ線バースト探査のための新たな人工衛星「スウィフト（Swift）」が打ち上げられると、ついに陥落することになった。この衛星によって短いバーストでも効率よく残光が発見され、母銀河が特定されるようになったのだ。そしてほどなく、この継続時間の短い種族は長い種族とはまったく別のものであることが明らかになった。短いバーストは、ほとんど星形成を行っていない楕円銀河でも起こることが確認されたのである。

これによって、一時期、日陰に追いやられていた連星中性子星合体説が一気に息を吹き返した。考えてみれば、継続時間が少々違うだけで、あとはほとんど同じような現象に見えるのに、その正体はまったく別の天体現象だというのも、自然の面白さというべきかもしれない。実際、長いバーストの正体が超新星と確定した後は、短いバーストについても、「まったく別種の天体現象が、長いバーストとここまで似たような現象として見えることは考えにくい」という見方をする天文学者も多かった。だが歴史をひもとけば、Ia型超新星も、他の型の超新星とほとんど同じような天体現象に見えるが、この型だけは大質量星の重力崩壊ではなく、白色矮星における核反応の暴走というまったく別の天体現象であった。自然は、我々人間が予想するよりも面白くできているらしい。

ただ、母銀河の性質だけでは状況証拠にすぎず、連星中性子星合体が起源だと断言はできない。長いバーストの場合、バーストと同時に発生した超新星を捉えることができたのは、超新星が明るい天体現象であったおかげである。連星中性子星合体でも、わずかな物質が外に飛び出て可視光線で光ると予想されてはいたが、超新星に比べれば１００分の１以下の明るさで、検出することは格段に難しい。短いバーストの可視光残光を詳しく見ると、そのような連星中性子星合体からの放出物の光と思えるような兆候があるという報告もあったが、決定打とはいいづらい。

しかし、「これなら決定打となる」とすべての天文学者が期待していたものが、ほどなく現実となった。重力波天文学である。中性子星やブラックホールなどのコンパクト天体の連星が合体するときには、強い重力波が放出されるはずである。アインシュタインが重力波の存在を予言して以来、この重力波を検出しようとさまざまな努力がなされた。それが達成されたのが、予言からほぼ百年後の２０１５年であった。すでに大きく報道されたり解説されたりしているのでここでは詳細に立ち入らないが、米国のＬＩＧＯ《ライゴ》実験が二つのブラックホールの合体から生じる重力波を検出した。それぞれが太陽の30倍という質量のブラックホールの連星であった。重力波がもたらす時空のゆがみによって、４㎞の長さの干渉計に生じた長さの変化は、陽子のわずか１０００分の１ほどでしかなかった。これほどの精密な実験ができるようになってようやく、13億光年先で起きたブラックホールの合体からの重力波が検出できるようになったのである。

中性子星ではなく、ブラックホールの合体が最初に発見されたのは、実はやや意外であった。中性子星の連星のほうが数が多いので、先に見つかるというのが大方の予想であったからだ。ただ、ブラックホールのほうが質量が重い（中性子星は太陽の1～2倍だが、ブラックホールは10倍以上のものもざらにある）ので、重力波のシグナルもそれだけ強く、遠方からでも検出できる。その兼ね合いで、ブラックホールのほうが先に見つかったということだ。ただ、ブラックホール同士が合体しても、ガンマ線バーストのように電磁波で明るく輝くとは考えにくい。周囲に物質が何もないと、エネルギーを電磁波に変換する方法がないのである。実際、現在までにブラックホール同士の合体がいくつも見つかっているが、それらからの電磁波の放射は見つかっていない。

図8－6　連星中性子星の合体イメージ

ガンマ線バーストにつなげるためには、やはり中性子星同士か、中性子星とブラックホールの連星の合体を検出しなくてはならない。ブラックホール同士の合体が発見された以上、中性子星同士の合体が見つかるのも時間の問題だと思われたが、実際に見つかったのは２０１７年8月17日の重力波天体ＧＷ１７０８１７としてである。予想どおり、ブラックホールの合体に比べると地球からの距離は近く、およそ1億３０００万光年であった。今度こそ、電磁波の放射もあるはずだ！　世界の天文学者は沸き立った。そして予想どおりというべきか、やはり驚くべきなのか、フェルミガンマ線観測衛星のデータを調べてみると、たしかに、重力波が放出された約2秒後に、継続時間が1秒ほどの短いガンマ線バーストが検出されていたのである。このほかに、合体時に飛び散った物質が原子核崩壊で熱せられて光る現象（ミニ超新星といってもいい）も、可視光や赤外線で捉えられた。これも、ほぼ理論的予想のとおりであった。

ただ、ガンマ線バーストとの関係がこれで完全に明らかになったかというと、実はまだ早い。典型的なガンマ線バーストまでの距離は数十億光年以上であり、それに比べGW170817までの距離は桁違いに近い（そうでなければ、現状の感度では重力波が受からない）。一方、同時に起きたガンマ線バーストの見かけの明るさは、とくに明るいものではなかった。つまり、真の絶対光度でいえば、このガンマ線バーストは典型的なものに比べて1000分の1以下の明るさになる。この状況は、長いガンマ線バーストが初めて超新星で同定された1998年のケースを彷彿とさせる。歴史は繰り返すということだろうか、いずれにせよ、短いガンマ線バーストの絶対光度にもさまざまなバラツキがあるようだ。典型的な規模のバーストが本当に連星中性子星合体で発生しているかは、今後の天文学に残された宿題である。

こうして、ガンマ線バーストの謎の根幹部分はだいぶ明らかになってきたというのが、この天体に長年携わってきた筆者の実感である。新しい時代とともに出てくる最新観測データと、それに対し時には外れ、時には見事に当ててきた理論的考察が絡み合い、1970年頃はまったくの謎の天体であったものが、ここまで理解が深まってきた。その歴史は、人類による科学の謎解きの物語として最高に面白いと思っている。とくに、一度は旗色が悪くなった連星中性子星合体説が、アインシュタイン以来百年の宿願であった重力波天文学の誕生とともに劇的に復活したところなど、何やら話ができすぎという気がしなくもない。もし私がフィクション小説でこんなストーリーを書いたら、「できすぎ」と読者に叱られるのではないかと思うぐらいである。そしてまた、長年の謎がもう、あらかた解かれてしまったという一抹の寂しさも、感じているのである。

第九章 そして新たな謎の天体が生まれる
——高速電波バースト

謎の電波バーストの衝撃

あれは2010年頃だったと思うが、とにかくガンマ線バーストの謎の解明もだいぶ進んだなと感じていた頃のことである。大学院生と酒を飲んでいて、いろいろと研究のことを話していた。そこで私はこのような発言をした。「僕は君たちがちょっと気の毒に思うことがある。僕が大学院生の頃、ガンマ線バーストは距離すらまったく不明の、謎の天体だった。今の天文学では残念ながら、そこまで心惹かれるような謎の天体はないかもしれないね」。その時は、とくに誰からも異論は出なかったのだが、この発言は私の思い上がりだったようで、ほどなく宇宙から鉄槌が下ることになった。

2013年の春、私は東大の天文学教室で、突発天体の論文紹介ゼミに出席していた。そこで紹介されたのが、米国のサイエンス誌に掲載されたばかりの、謎の突発電波バースト天体の発見についての論文であった。オーストラリアのシドニーから西に300キロメートルほどの場所にある、パークス天文台の巨大電波望遠鏡でパルサーを見つけるべくサーベイ（掃天観測）をしていたところ、一瞬だけ電波で光って消えてしまった奇妙なバースト天体を４つ見つけたというのだ。使用した電波は１０００メガヘルツ付近の極超短波と呼ばれるもので、電子レンジや、ＵＨＦのテレビ電波、携帯電話、無線ＬＡＮ、ＧＰＳなど我々がふだんお世話になっている通信用の電波としてもおなじみの周波数帯である。

　この天体現象で注目すべきはその継続時間である。どれも、わずか数ミリ秒（ミリ秒は１０００分の１秒）ほどしか光っていない。前章で紹介したガンマ線バーストの場合、短い種族のなかでさらにもっとも短いものでも１００ミリ秒ほどは続くから、それに比べても桁違いに短い突発現象といえる。発見者らは、この現象に「fast radio burst（FRB）」という名前をつけた。日本語では、高速電波バーストと訳すのが自然だろう。この場合、fastは速く運動するという意味ではなく、「短時間で終わる」という意味である。日本語で「高速」と書くと、高速で運動するというイメージを持つ方が多いらしく、この訳語はよくないのではないかという意見も聞く。だが、「速い」という言葉は元々、「仕事が速い」など、短時間で終わるという意味であり、運動速度が「速い」というのは、移動するのに短時間で済むということだ。「高

図９－１　パークス天文台の電波望遠鏡
(S. Amy, CSIRO)

速」という単語になると、高速道路などの言葉が浮かんで「移動速度が大きい」という意味を思い浮かべるのかもしれないが、「高速処理」「高速計算」では、むろん、短時間で済むという意味だ。原語のニュアンスを残した素直な訳語としては、やはり「高速電波バースト」がよかろう。

4つのバースト源の天球における位置は、銀河円盤から遠く離れている。となると、やはりガンマ線バーストのように、銀河系外の遠方で起きているバースト現象と考えたくなるが、もちろんそれだけで断定はできない。ただ、ガンマ線バーストの距離がまったく不明だったことに比べて、高速電波バーストの場合はこの天体までの距離を推定する上で、極めて重要な観測データが一つあった。電波シグナルの中に見られる、分散という現象である。

真空中を電磁波が伝搬するとき、その速度はもちろん常に光速で不変である。だが、物質中を伝搬するときはそのかぎりではない。宇宙空間には希薄ながらも自由電子（原子核に束縛されていない電子）が漂っている。その電子の海を電波が伝わる場合は、その速度も光速からずれる。もちろん、光速を超えることはできないから、遅くなる方向にである。その際、電波の振動数に応じて速度の低下量も異なるため、異なる振動数の波は異なる速度で伝搬することになる。結果として、さまざまな振動数の波が混じった電波シグナルはやがてバラバラになっていく。これが「分散」の名前の由来である。

この現象は天文学でも古くから観測されていて、とくに有名なのはパルサーである。振動数が低い電波ほど、パルサーの信号の伝搬速度が遅くなるため、同じパルスでも到着時間が遅れて観測される。高速電波バーストでも、これが綺麗に見えている（図９－２）。バーストの継続時間自体はわずかに数ミリ秒だが、真空中の光速の場合に比べて数秒も遅れてやってくるのだ。

　分散の効果は、電波が伝搬してきた距離と、その経路上の自由電子の密度の積で決まる。銀河系の星間空間の電子密度は大まかにわかっていて、典型的には数十立方センチメートルあたりに電子１個といったところである。銀河系内のパルサーでは、この電子密度と地球からパルサーまでの距離で定まる分散が観測される。

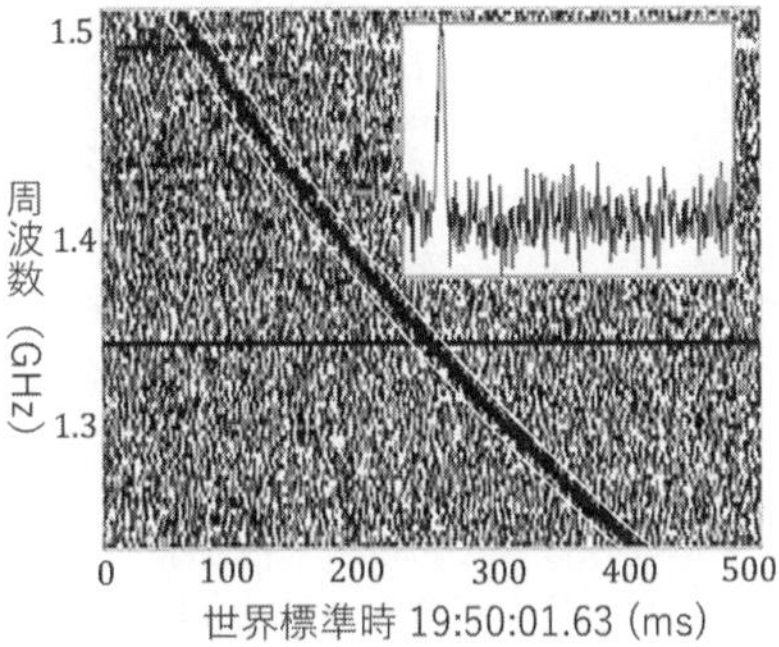

図９－２　高速電波バーストのシグナルの分散効果
（縦軸：振動数、横軸：到着時間で、パルスが、低振動数ほど遅れていることが見られる）

　だが、この高速電波バーストは桁外れであった。銀河系内の天体に期待される分散に比べて、一桁以上大きな値が観測されたのである。つまり、銀河系内に存在する電子だけでは説明できない。素直に解釈すれば、これらは銀河系外から来ていることになる。銀河と銀河の間、銀河間空間のガスの電子密度もだいたいわかっているので、これから距離が割り出せる。その結果は、高速電波バーストは50億から１００億光年という、ガンマ線バーストに匹敵する宇宙論的な遠距離からやってきているというものだった。

そしてもう一つ、注目すべきはその発生頻度である。電波望遠鏡は一般的に視野（一度に観測できる領域）が狭く、2013年の報告では4つのバーストしか見つからなかったが、全天で考えればこのような爆発がしょっちゅう起きていることになる。具体的にいえば、毎日、全天で10000から1万ほどのバーストが起きている計算になる。もし我々の目が電波に感度があるのであれば、50億光年以上というはるか遠方の爆発が、1分ほど夜空を眺めていれば簡単に見つかるということになる。

いや、こんな天体はまったく、予想すらされていなかった。現代の天文学では、地上には数多くの大望遠鏡が並び、宇宙には天文観測のための人工衛星が多数、常に飛びかっている。観測波長も可視光線だけでなく、ガンマ線から電波まで、ほとんどすべての波長域で遠方の宇宙を見つめている。そのような状況で、まったく未知の天体はもはや見つかりそうもない、という感覚を持っていた天文学者も多かったと思われる。なのでこの高速電波バーストの発見に対する多くの天文学者の感想は、「今時、こんな天体がまだ知られずにあったとは！」というものであった。

こんな天体が未発見で残っていた最大の理由は、その継続時間の短さである。しかもパルサーと違い、一度だけのバーストで終わってしまう。現代の天文学は、ずっと光っている天体に対しては極めて高い感度を達成しているが、こんな短時間で一度きりの現象に対しては、我々の宇宙探査能力がまだまだ限られていることを、高速電波バーストはまざまざと教えてくれたといっていいだろう。ガンマ線バーストの研究で活躍したパチンスキーは晩年、突発天体を狙って夜空を広くサーベイすることの重要性をよく強調していた。このような観測はまだほとんどされておらず、面白い現象が未発見で眠っているはずだ、というのである。高速電波バーストの発見は彼の慧眼をあらためて証明することになったが、残念なことに彼は2007年、この新現象が発見される前に他界している。

そしてこの瞬間から、この謎に満ちた新天体の謎解きのレースが、世界の天文学者の間で始まった。一体どのような天体がこのバーストを引き起こしているのか？　また、「宇宙論的な遠距離」というのも確定したわけではない。分散の大きさは距離と電子密度の積であり、それによる距離推定はあくまで間接的なものにすぎない。視線上のどこかで、予想外に電子密度の高い領域を通ってきているなら、距離はもっと小さくてもいいかもしれない。やはり、可視光での対応天体を見つけて赤方偏移を測定しなければならない。あのガンマ線バーストでスリル満点だった「謎解き」が、再び始まったのである。

忘れられかけた最初の発見

実は、上に述べた2013年の4例の高速電波バーストは、最初の発見ではない。真の最初の発見は2001年、偶然に検出され、2007年にサイエンス誌に報告された一つのバーストであった。論文として報告されるまでに6年もかかったというところも、偶然に発見されたこの天体が、本物の天体現象とはにわかには信じがたいものであったことを示している。信じがたいのは、この報告に接した多くの天文学者たちも同様であった。この発見は間もなく、真の天体現象ではないだろうとして、一度忘れられたのである。

パルサーのように、定常的にパルスを放っているのであれば、他の望遠鏡なども使って詳しい検証が可能だ。だが、高速電波バーストのように一度きりの現象では、本当の天体現象なのか、ノイズだったのか、検証が極めて難しい。さらには、高速電波バーストに似て、低い振動数のシグナルほど遅れてやってくるものの、明らかに地球起源のノイズと考えられる現象が見つかったことも疑いに拍車をかけた。こうして、この現象は天文学界ではあまり真面目に取り上げられない状態がしばらく続いたのである。

だが2013年に発見された4例は、吟味《ぎんみ》の上、地球起源のノイズとは考えにくいことが示された。一方、地球起源の似た現象の原因が解明されたことも復権に寄与した。冗談のような話だが、この紛らわしいノイズ現象は、なんと電波望遠鏡の観測室に置いてある電子レンジだったというのだ（笑）。この非天文学的「発見」は、英国天文学会の真面目なジャーナルに論文として報告された。このノイズ現象が起きる時間帯を調べてみると、皆が弁当を温《あたた》める食事時に集中していることがわかるなど、読んでいてこれほど苦笑を抑えるのに苦労した論文も珍しい。ちなみに、電子レンジを正しく使っている場合はこのノイズ現象は発生しない。発生するのは、まだ作動しているレンジを停止せずに、いきなり扉を開けたときのことである。開けた瞬間、内部の強烈な電磁波が外に漏れるのであろう。なんだか健康にも悪そうな気がして、私はこの論文を読んでからは、必ずレンジを停止させてから扉を開けるようにしている。いずれにせよ、吟味してみると、高速電波バーストのシグナルは電子レンジによるノイズとは明らかに別ものであることがわかった。

ただ、慎重な天文学者のなかには、まだ本当に天体現象なのか、態度を保留する人もいた。なぜなら、それまでに見つかっていた高速電波バーストはすべて、パークス天文台の口径64メートル望遠鏡によって見つかったものだったからだ。この電波望遠鏡は、パルサーなどの変動電波天体をサーベイして見つける能力が世界でもずば抜けて高かったため、高速電波バーストを見つけることができた。そしてしばらくはこの望遠鏡の独壇場だった。ただ、一つの望遠鏡だけで見つかっているとなると、もしかしたらその望遠鏡に特有のノイズ現象という可能性も気にかかるというわけだ。

その心配も、2014年には解消した。アレシボ天文台でも高速電波バーストが検出されたのである。カリブ海に浮かぶ米国の自治連邦区であるプエルトリコのジャングルのただ中に分け入っていくと、突如、直径300メートルの巨大なお椀のようなアンテナが現れる。窪地を巧みに利用して作ったもので、あまりに巨大なので望遠鏡を動かすことはできず、地面に据え置きである。最近、中国に同種の、しかしさらに大きな直径500メートルの電波天文台ができるまでは、長く世界最大の単一鏡であった。このあたりからようやく、ほとんどの天文学者が本当の天体現象だと信じるようになり、一気に研究が活発化していった。

高速電波バーストの正体は何か!?

こうした謎めいた新天体が出てくると、それが一体何なのか、理論家は面白がって我先にアイデアを論文にするものである。かつてのガンマ線バーストと同じく、ピンからキリまで、さまざまなアイデアが出てきた。しばらくは、高速電波バーストの正体についての仮説の数のほうが、検出された高速電波バーストの数より多かったぐらいである。珍説・奇説ももちろん含まれていて、なかには、地球外知的生命体が宇宙船を加速している時の放射だとか、宇宙空間を航海するためのビーコンに使っているというものまである。だがここでは、比較的まとも（？）な、宇宙における自然現象であるという枠組みのなかの仮説で代表的なものをいくつか紹介しよう。

高速電波バーストの最大の特徴は、ガンマ線バーストよりさらに短いというその継続時間である。これだけ短時間で激しく時間変動するとなると、やはりその天体は非常にコンパクトでなければならない。中性子星ないしブラックホールを考えるのが、天文学者にとっての常道である。

そうなるとすぐに思いつくのは、なんといってもこれらが作られる天体現象である、超新星であろう。だが、超新星が爆発する際に高速電波バーストを生み出すのはかなり難しい。その短い時間スケールから、電波バーストが生まれるのは中心部の中性子星やブラックホール周辺でなければならない。だが、超新星が爆発する瞬間や直後は、周囲に星の外層を構成していた大量のガスがある。電波はこれらに完全に吸収され、外に飛び出すことができない。長いガンマ線バーストでは、この問題を、外層を突き破ったジェットで解決していた。同じ方法で電波を出すことは不可能ではないが、では、どうして高速電波バーストはガンマ線バーストよりさらに短い時間で終わるのかは説明が難しいし、長いガンマ線バーストと同時に起きた事例もない。

そこでこんなアイデアが提唱された。中性子星の質量には上限があり、それより重くなるとブラックホールにつぶれてしまう。だが回転していると、遠心力が働いて重力に対抗するため、上限を少々超えた中性子星でも存在できる。超新星で生まれた直後の中性子星が高速で回転していれば、こういうことが起こる可能性がある。だが、回転エネルギーはパルサーの活動で徐々に失われ、やがて回転スピードが落ちてくると、どこかの時点でブラックホールにつぶれてしまう。その瞬間に電波バーストが出るというものだ。それまでに例えば1000年とか1万年かかるとすれば、超新星爆発で飛び散ったガスは十分に薄まっていて、電波は容易に我々まで届くし、ミリ秒の時間スケールも十分に説明可能だ。ただ、中性子星がブラックホールにつぶれるとき、電波がどれだけの強度で出るかは、理論的予想が難しくてなんともいえない。

実は筆者も高速電波バーストの仮説を提出している。2013年、高速電波バースト発見の論文の紹介をゼミで聴いてから、大学を出て知人との夕食に向かう途中、この謎めいた天体は何なのか、歩きながら考えていた。ちょうど赤門の下をくぐるときであったと記憶しているが、連星中性子星合体ではどうだろうかと考え始めた。二つの中性子星がぐるぐると互いの周りを回りながら合体してできた中性子星は、当然ながら高速で回転している。その回転エネルギーの一部は、パルサーと同じメカニズムで、電波に転化するはずである。だが、その電波放射は長くは続かない。合体した中性子星は重たいので、すぐにブラックホールにつぶれてしまう可能性がある。さらには、超新星に比べれば少ないものの、やはり周囲に物質がまき散らされるため、電波はすぐに吸収されてしまうだろう。だが、合体の瞬間には、短い電波パルスが出てもよさそうだ。そうすれば、ミリ秒の継続時間も説明できる。高速電波バーストの発生頻度も中性子星合体の頻度も、不定性が大きいが、まずまず合わないこともない。

あとは、予想される電波強度が観測データに合うかどうかだ。翌日、研究室に戻り、パルサーと同じ機構、つまり磁石が回転することで回転エネルギーが電磁波に転化するとして、高速電波バーストから期待される電波強度を見積もってみた。まずまず、観測されている電波強度と一致するではないか！　よし、これはすぐに論文にしようと、それから一週間程度で一気に論文を書いて投稿した。こうした最初のアイデアの論文では、詳細な計算などは必要ない。紙と鉛筆でさっさと計算できるレベルで十分であり、図もない論文であった。理論屋はこういう論文を書くときに、いちばん血がたぎるものである。

ここまでに紹介した仮説は、基本的に高速電波バーストは一度きりの現象だと想定している。だが、バーストが起こる頻度が低いだけで、長時間モニターしていれば、いずれ繰り返して起こる可能性も否定できない。そんな繰り返し起こることが期待される仮説の中で有力なのが、マグネター（超強磁場の中性子星）のフレア説だ。この天体は時々、その強い磁気エネルギーの一部を爆発的に解放する。太陽表面で時々起こる巨大フレア現象に似ている。マグネターの巨大なフレアは、数十年に一度という頻度で起こり、銀河系内のマグネターで起きたフレアにより放出された強烈なガンマ線放射は、地球において人工衛星が危険にさらされたり、大気の電離状態が変えられたりしてしまうほどである。そんなマグネターの巨大フレアが、遠方の銀河で起きているという説である。

繰り返す！

こうしてさまざまな仮説が乱立する中、衝撃的な観測結果が報告された。前述したアレシボ天文台で見つかった高速電波バーストが、繰り返して起こることがわかったのである。少なくともこの天体は、超新星や中性子星の合体といった、一度きりの天体現象では説明ができない。中性子星が時々、電波バーストを起こすという説が極めて有力である。だが、パルサーとして観測される若い中性子星なら銀河系の中に1000個以上ある。これらと、遥かに遠方にあると思われる高速電波バーストを引き起こす中性子星は、何が違うのかという謎は残っている。

有力な容疑者はやはり、時折フレアを起こすことが知られているマグネターである。これについては最近、銀河系のマグネターの一つが、ミリ秒の継続時間で電波バーストを起こすことが確認された。銀河系の中で起きたものなので、数十億光年の遠方で観測される高速電波バーストに比べればはるかに明るいものであった。これを遠方の銀河に持っていけば、たしかに高速電波バーストとして観測されるであろう。しかし、これまでによく知られている、X線やガンマ線で観測されるマグネターのフレアが起きたら、必ず電波バーストが起こるというわけでもないらしい。どういう条件でマグネターが電波バーストを起こすのかは、今後の研究を待たねばならない。いずれにせよ、少なくとも一部の高速電波バーストは中性子星（とくにマグネター）を起源とすることは、間違いなさそうである。

一方で重要な問題は、すべての高速電波バーストは繰り返して起こるのか、あるいは複数の種族があって、一度きりの高速電波バーストもあるのか、ということである。歴史を振り返れば、軟ガンマ線リピーターは当初はガンマ線バーストとして一括りにされていた。だが、軟ガンマ線リピーターはその後、繰り返すことが判明し、残りの繰り返さないガンマ線バーストから分化した。これらは本質的に、まったく異なる天体現象であったのだ。

高速電波バーストでも同じことが起こらないともかぎらない。現在、繰り返すことが確認されたバーストは10を超える数になっているが、それ以外の数百を超える高速電波バーストは、多くの観測時間を投入してモニタリングしても、一度きりしか検出されていない。また、電波のパルス波形などの特徴も、繰り返すバーストと他のものは異なるという指摘もある。

２０２０年３月、タイで高速電波バーストの国際会議が行われるはずだった。筆者も参加予定で楽しみにしていたのだが、コロナ禍のために夏にオンラインで開催された。そこで、「すべての高速電波バーストが繰り返し起こるのか？」というパネルディスカッションがあり、参加者による投票が行われた。面白いことに、「すべては繰り返し起こる」という人と、「一度きりしか起きない別種族がある」という人と、ほぼ半々という結果であった。むろん、多数決で決めるものではなく、将来の観測で決着をつけるべきことだが、それにはもうしばらくかかりそうである。

母銀河が見つかり始める！

高速電波バーストの正体を明らかにする上で決定的に重要なのは、それが起きた銀河、つまり母銀河を見つけることである。最初にこの天体を発見したパークス天文台は単一の電波望遠鏡で、感度はよいが位置決定精度が悪くて、角度にして1度程度の精度でしか到来方向を決められない。初期のガンマ線バースト観測と同じで、この誤差範囲には銀河はゴマンといて、どれが母銀河かわからない。方向決定精度の向上がカギである。電波観測の場合、複数の電波望遠鏡でのシグナルを組み合わせる干渉計ならば、方向精度は格段に向上する。しかし今度は、広い視野でバーストを探すことが難しくなる。

そうした困難を克服して、干渉計によって高速電波バーストが発見されるようになってきた。その最初の例が、アレシボで見つかった、繰り返すタイプの高速電波バーストである。繰り返すことがわかっているので、視野が狭い干渉計観測でも狙いをつけることができ、検出に成功したのである。その位置決定精度は母銀河を特定するのに十分であり、実際、バーストが起きた場所に母銀河が見つかったのである。

その母銀河は約27億光年の遠方にある、我々の銀河系よりはだいぶ小さく、活発に新しい星を生み出している銀河であった。高速電波バーストが、本当に銀河系外、それも宇宙論的な遠方から来ていることが確定した瞬間だった。ガンマ線バーストでいえば、1997年に初めて赤方偏移が測定された記念碑的瞬間にあたる。

その母銀河の特徴も暗示的であった。小さいが星を活発に生み出している銀河は、長い種族のガンマ線バーストの母銀河でもよく見られるタイプなのだ。このタイプの銀河は、酸素や鉄などの重元素量が少ないという特徴がある。重元素は星の内部で作られ、超新星によって星間ガスにまき散らされることで、銀河進化の過程で徐々に増えていく。小さな銀河では星形成の歴史が浅く、まだ重元素が少ないものが多いのだ。何らかの理由で、重元素が少ない星のほうがガンマ線バーストを起こしやすいと考えられている。

さてこうなると、気の早い天文学者は、「高速電波バーストは長いガンマ線バーストと同じ星が起こすのではないか？　ガンマ線バーストの後に残った中性子星が、繰り返してバーストを起こすのだ！」という主張を始める。それはもっともらしい予想であったが、やはり、自然は理論家が単純に考えるよりは複雑にできているらしい。

その後、繰り返す種族と、繰り返さない種族の双方に対し、母銀河の同定が進み、今では母銀河がわかった高速電波バーストの数も10に近くなってきた。そしてその中には、あまり星形成を活発に行っていない銀河や、我々の銀河系なみに大きな銀河も含まれていたのである。この時点で、「すべての高速電波バーストは、長いガンマ線バーストと同根である」という仮説ははかなく消えた。むしろ、短いガンマ線バースト同様、星形成から長い時間が経ってバーストが起きるシナリオに注目が集まる。連星中性子星合体説を唱えていた私が、この流れをニヤニヤしながら見ていることはいうまでもない。もちろん、高速電波バーストの中にはいろいろな種族が混じっている可能性もある。これからしばらく、母銀河特定の数が増えていくとともに、高速電波バーストの正体も徐々に暴かれていくだろう。

ちなみに、私の連星中性子星合体説の場合、誰にも文句をいわせない検証方法が一つある。そう、重力波である。すでに連星中性子星合体は重力波でいくつか検出例があるが、高速電波バーストが同時に起きた例はない。これは当然で、重力波観測は方向に対する精度が悪いが、常に全天をモニターしている。一方で電波は、方向の決定精度は格段によいが、視野が狭く、全天のごく一部しか観測できていない。その結果、重力波で検出できる合体は高速電波バーストに比べて距離が近いものが多く、それを偶然、電波望遠鏡が視野内に捉える確率はゼロに近いのだ。だが、より広視野で明るい高速電波バーストを探す電波サーベイができるようになれば、重力波と高速電波バーストの同時検出が実現する日も来るだろう。いつになるかはわからないが、私はその日を心待ちにしている。

「見えないバリオン」がついに見つかった！

最後に、高速電波バーストのような宇宙論的な遠距離にある天体は、その天体の謎解きだけが魅力ではなく、宇宙論や宇宙進化をひもとく上でも重要であるという例を挙げて、本章を締めよう。高速電波バーストが発見当初から、「宇宙論的な遠距離にあるのではないか？」と推測されたのは、波長の長い電波ほど遅れて到着するという分散効果が観測されたためであった。分散効果は伝搬してきた距離と、経路上の電子密度の積で決まる。銀河間空間の電子密度を既知とすれば、距離が宇宙論的遠方にあると結論されたのであった。

ただ、ここで既知とされた銀河間空間の電子密度は、実は直接的な観測で実証されたわけではない。近年、宇宙論の研究は、宇宙マイクロ波背景放射や宇宙の大規模構造の精密観測が進んでいて、標準宇宙モデルとされるΛ《ラムダ》CDMモデル（宇宙定数と冷たい暗黒物質が宇宙の主成分とする宇宙）のパラメータが高い精度で決定されている。それによれば、宇宙の全エネルギー密度のうち、宇宙定数（もしくは暗黒エネルギー）が70％、暗黒物質が25％、そして残りの５％が星や我々の体を作っている通常物質（原子核と電子）とされる。この通常物質を総称して「バリオン」と呼んでいる。そしてバリオンはその多くが銀河間空間に高温で希薄なガスとして存在していて、銀河に取り込まれて星として光っているのはせいぜい全バリオンの10％程度にすぎない。

標準宇宙モデルは実にさまざまな観測事実をうまく説明できるので、多くの天文学者が受け入れている。しかし、本当にこのモデルが予想する量のバリオンが銀河間ガスとして存在しているかどうかは、直接的な観測が難しかった。そこで「見えないバリオン（ミッシングバリオン）問題」と呼ばれ、その直接検出をさまざまな方法で検討していたのである。そこに突如として現れたのが高速電波バーストであった。

標準宇宙モデルの信頼性があまりに高いので、まずはそれが予想する銀河間空間の電子密度を仮定して、高速電波バーストまでの距離を予想したわけだ。だが逆に、高速電波バーストまでの距離が独立に測定されれば、今度は宇宙モデルに頼ることなく、銀河間空間の電子密度がわかるということになる。上述のように、今や10個に近い高速電波バーストの母銀河が同定され、それらの距離が正確に測定されている。その距離と、高速電波バーストの分散から割り出した銀河間空間の電子密度はまさに、標準宇宙モデルの予想とよく一致していたのである。

これにより、「見えないバリオン問題」は解決したといっていい。標準宇宙モデルの予想どおりということで驚きはないが、最新宇宙論を支える観測的基盤がまた一つ固まったといえるだろう。ただ、この「見えないバリオン」を検出するために、長年、X線観測を試みたり、新プロジェクトを提案したりしていた天文学者は複雑な気持ちかもしれない。突如現れた新星、高速電波バーストによって予想外の形で問題が解決してしまい、彼らのモチベーションが失われたのだから。だが、こうした予想外の展開が起こることもまた、自然科学の魅力であろう。もちろん、X線観測と高速電波バーストの観測は相補的な面があり、両者を組み合わせれば、見えないバリオンの詳しい分布をさらに解き明かすこともできるだろう。見えないバリオンは「存在の有無」という問いから、「宇宙の大規模構造のなかでどのように存在しているのか？」が、次なる研究テーマとなっていくであろう。

第十章　星の爆発と人類

星の爆発は、我々にどのような影響を与えているのだろうか？

いよいよ最終章となった。ここでは、これまで俯瞰してきた星の爆発が、我々人類や地球、そして宇宙そのものにどのような影響を与えているのか、いくつかの観点から考えてみることにしたい。まずは、宇宙におけるさまざまな元素の存在量とその起源について概観する。続いて、我々の近くで超新星爆発が起きたとき、人類や地球生命にどのような影響があるのかを考えよう。最後に、近傍の超新星による地球生命への影響が、実に意外なところに関係しているかもしれない、という話を紹介して本書を終えよう。暗黒エネルギーによる宇宙の加速膨張は、最新宇宙論における最大の謎であった。実はこれと、生命が超新星によって絶滅することが、深く関係しているかもしれないのである。

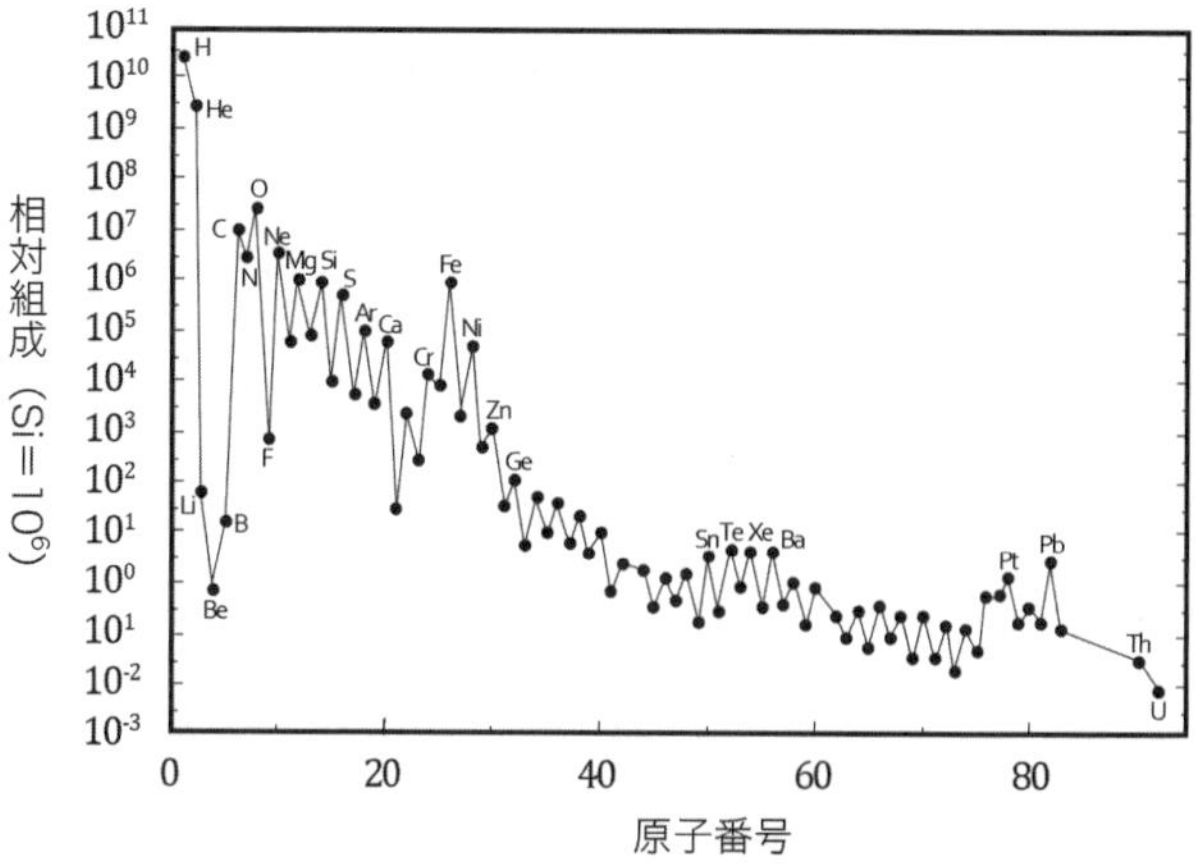

図10－1　太陽における相対的な元素組成

宇宙におけるさまざまな元素の存在量

図10－1は、自然界に存在するさまざまな元素の、太陽における相対的な存在量を示したものである。太陽のものとはいえ、銀河系全体、あるいは宇宙全体といってもさほどに変わらないものである。

すぐわかるように、もっとも軽い元素である水素（原子番号1番）が抜群に多く、その次に軽いヘリウム（原子番号2番）が2番目に多く存在する。この2種の元素だけで、重量パーセントで全元素の98％を占めている。原子番号は原子核のプラス電荷数、つまり原子核中の陽子の個数であった。原子番号が小さく、軽くて単純な元素が宇宙でもっとも多い理由は、これらが宇宙誕生後の最初の数分間でできたためである。熱い火の玉として始まった宇宙初期では、高温のため複合粒子はバラバラにされてしまう。宇宙の膨張とともに温度が下がってくると、ヘリウムのように陽子と中性子が結合した元素も作られる。だが、それ以上に複雑な元素を作るための粒子の合体反応が起こることはなかった。宇宙が膨張して粒子の密度が下がり、合体反応が起こらなくなったためである。

宇宙初期にはリチウム（原子番号3番）もごく微量に作られたが、それより重い元素はすべて、ずっと時代が下って銀河が生まれてから、恒星の中で作られたものである。ちなみに、地球における元素組成となると、図10－1に示したものとは大きく異なる。地球のような岩石惑星は太陽系ができたとき、小さな塵や岩石が集まってできたものなので、塵や岩石の化学的性質で決まる元素組成になっている。水素やヘリウムなどは岩石にはあまり取り込まれないので少なくなる一方で、岩石の主成分である酸素、ケイ素、鉄などが多くなる。なお、木星のような巨大ガス惑星は、太陽を作ったのと同じガス（もとは星間ガス）からできているので、元素組成は太陽に近い。

重元素の生成と超新星

我々の身体を構成する炭素、酸素、鉄などの重い元素は、恒星の内部でどのように作られ、そして太陽系の誕生時に用意されていたのだろうか。ここでもっとも重要な天体が、重力崩壊型の超新星なのである。すでに述べたように、超新星爆発を起こすような大質量の星は、水素からヘリウムを作る核融合反応に始まり、炭素、酸素、ケイ素、と順番に重い元素を作っていく。超新星爆発を起こす直前では、鉄のコアを中心に、これらの元素の層が重いほうから順番にタマネギ状に取り囲んだ状態になっているのであった。

そして、鉄コアが重力でつぶれて、その外側は爆発で飛び散ることになる。衝撃波が星の外層を伝わり、酸素や炭素などの層を吹き飛ばす。外に飛び出してくる元素は超新星爆発前に作られたものだけではない。衝撃波が伝搬していく中で、高温に加熱された領域で新たな核融合反応によりできた元素もある。もっとも中心に位置する鉄も、すべてつぶれて中性子星やブラックホールに取り込まれてしまうわけではなく、太陽質量の10分の1ぐらいの鉄が外に飛び出してくる。

こうして、重力崩壊型超新星では、炭素から鉄までのさまざまな重元素が爆発で周囲にまき散らされることになる。それが何万年という時間をかけて星間物質と混じり合い、それが銀河系の至る所で起きている。そのようにして重元素が増えた星間ガスから次世代の星が生まれ、それが何世代も繰り返される。そして徐々に、水素とヘリウムだけだった星間ガス中に重元素が増えていく。太陽系は、銀河系で星形成が始まってから50億年以上経ってから誕生したが、その母体となった星間ガスには、それまでの恒星誕生と超新星爆発の営みが連綿と積み重なった結果として、さまざまな重元素が豊富に含まれていたのである。

もう一つのタイプの超新星であるIa型はこの点、どういう役割を果たすのだろうか。Ia型では、主に炭素や酸素でできた白色矮星が、連星の相手からガスが降り積もることで加熱され、核融合反応が暴走して爆発するのであった。核反応の暴走により、酸素や炭素は一気に鉄にまで燃えてしまう。鉄はそれ以上、原子核エネルギーを取り出すことができない、いわば燃えかすであった。そして、核融合で生み出されたエネルギーは星全体をバラバラに吹き飛ばすのに十分である。つまり、生成された鉄は完全に吹き飛び、星間空間に供給される。

重力崩壊型の超新星は、炭素、酸素、ケイ素、鉄といった主要な元素をバランスよく生み出すのに比べて、Ia型超新星はもっぱら鉄ばかりを生み出すというのが最大の特徴である。この2種の超新星が生み出してきた元素によって、鉄以下の軽い元素の現在の組成ができあがったといえる。あなたの身体の中にある酸素や炭素はすべて、遠い昔、銀河系の中のはるか彼方の重力崩壊型の超新星で生み出されたものだ。一方で鉄は、重力崩壊型とIa型で作られたものが、半分ずつぐらいの割合で混じっているだろう。

鉄より重い元素の起源は?

しかし自然界には、鉄よりはるかに重い元素も存在する。身近なものでは、金や銀、鉛などである。これらは一体、どこでどのようにできたのであろうか。一つだけ明らかなのは、それらを生み出すには巨大なエネルギー源と特殊な環境が必要だということだ。原子核の中でもっともエネルギーが低い状態は鉄の原子核であり、水素、炭素といったより軽い元素は、核反応さえ起これば、よりエネルギーの低い原子核に結合し、余ったエネルギーを外に解放する。それにより、恒星は輝いているのであった。

だが、鉄より重い元素は、鉄よりエネルギーが高い状態にある。つまり、鉄に他の原子核をぶつけて、より重い元素を作ろうと思っても、そのためには余分なエネルギーを他から持ってくる必要がある。水素や炭素の核反応で恒星が輝くのは、ガソリンなどの燃料を燃やしてエネルギーを得ることと同じだが、鉄より重い元素を作るというのは、逆に「燃えかす」にエネルギーを与えて、元の燃料に戻すようなものなのだ。

普通、自然界で起こる現象は、燃料が燃えて燃えかすになることで、その逆はないというのが、我々の直感である。いくら外からエネルギーを与えても、燃えかすが自然に燃料に戻ることはない。これは物理学でいえば、エントロピー増大の法則というもので、ものごとは乱雑さが増大する方向にのみ起こるからである。鉄より重い元素を作るのは、この法則に逆らうことだといえる。だからそう簡単に起こらず、ある特殊な条件下で、わずかな量の元素が生成されるだけである。実際、図10－1を見ても、鉄より重い元素はそれより軽いものに比べ、存在量が格段に少ないことがわかる。ちなみにこれは、エントロピー増大の法則を破っているわけではない。全体としてはエントロピーは増大するが、局所的には減少するところがあってもよいのである。同様のことは、エアコンで室温を下げたり、あるいは生命が自らの組織や秩序を保つところでも起きている。

では具体的に、どのようなプロセスであれば、鉄より重い元素を作れるのだろうか？　カギは中性子である。原子核の構成粒子のうち、陽子はプラスの電荷を持っているので、陽子を原子核にぶつけて太らせようとしても、電気的反発力が常に巨大な障壁となる。だが電荷を持たない中性子なら、その問題はない。中性子がうようよと飛びかっている空間に原子核を置けば、一定の頻度で中性子は原子核に衝突合体し、原子核は重くなっていく。

このやり方では、原子核の中の陽子数（つまり原子番号）は増えず、中性子ばかりが増えていくことになる。しかし原子核の中では、陽子と中性子の数はだいたい同じぐらいになるほうが安定するという性質がある。そのため中性子が過剰になると、β崩壊と呼ばれる現象で、中性子は陽子に変わろうとする。このβ崩壊と、次の中性子が付加されるのと、どちらが早いかで重元素合成は2種類の過程に分かれる。

β崩壊に比べて中性子がゆっくり付加されると、次の中性子がぶつかる前にβ崩壊が起きて、原子番号が一つ増えた元素に変わる。それを繰り返して重くなっていくのがｓ-過程（ｓはslow

の意）である。逆に中性子が付加されるほうが早いと、多数の中性子がまず付加されて、その後、安定した元素になるまで複数回のβ崩壊を起こして新たな重元素が生まれる。これがｒ-過程（ｒは rapid の意）である。最終的にできる安定元素の陽子数、中性子数の組み合わせは、この二つの過程で異なる。現在の宇宙の元素組成を見ると、この二つの過程はどちらも起きていることがわかる。

ｓ-過程の元素は、主系列段階を終えて巨星となった星が、その強大な放射の圧力で外層のガスを周囲に放出する際に作られると考えられている。一方ｒ-過程のほうは、中性子がうようよいるような状況が必要で、より極限的な天体現象が関係していると考えなければならない。長年、有力候補とされてきたものが二つある。重力崩壊型の超新星爆発と、連星中性子星の合体である。どちらも、中性子星の周囲では中性子がたっぷり存在する環境が想定できるので、ここまでは自然な発想だ。だが、具体的にどちらのほうで作られるのか、正確なことは理論的な研究だけではなかなかわからない。

歴史的には、超新星のほうが盛んに研究されてきた。観測例がなかった連星中性子星合体に比べれば、可視光線で有史以来、無数の検出例があり、さらにはニュートリノまで検出されている超新星のほうが重点的に研究されてきたのは無理もないことであろう。だが、この状況は重力波天文学の誕生によってあっさり逆転してしまった。２０１７年、連星中性子星合体からの重力波の初検出において、数日ほどの時間スケールで光って消えた可視光の変動天体が見つかったのである。

この可視光天体の明るさは、最大の時でも超新星に比べれば100分の1程度である。この現象は二つの中性子星が合体したとき、太陽質量の100分の1とか1000分の1という、ごくわずかな破片が外に飛び出してきて、それが光っていると考えられている。中性子星を構成する超高密度物質には、その名のとおり、中性子が豊富に存在する。それが外に飛び出してくると、不安定な放射性原子核となり、それが崩壊することでエネルギーが出るのである。その点、超新星の光のエネルギー源も、ニッケルが鉄に原子核崩壊することであったことと似ている。

そしてこの可視光天体を分光して詳しく調べてみると、たしかに鉄より重い元素を豊富に含んでいる場合に予想されるスペクトルが見られたのである。これにより、少なくとも連星中性子星合体は、r-過程元素の放出源であることが確定的になった。宇宙に存在するすべてのr-過程元素が連星中性子星から生み出されるのか、あるいは超新星もまたr-過程元素を生み出しているのか、そこまではわからない。しかし、直接的な証拠が得られたという意味では、連星中性子星合体のほうが一気にリードを奪ったといえるだろう。

ここで一つ面白い話がある。2018年1月、ちょうど、前記の連星中性子星合体の初検出が世界的に話題となって間もない頃である。その日、東大では大学入試センター試験が実施されており、私も要員としてかり出され実施本部に詰めていた。そこで何気なく、当日実施された地学の天文学分野の問題を眺めていたら、次のような問題があった。〈宇宙の元素について述べた文として最も適当なものを選べ〉というもので、選択肢を見ると〈超新星爆発によって、鉄より重い元素がつくられた〉というものがある。他の選択肢は完全に間違っているので、どうやらこの選択肢が正解のようである。

だが上で述べた状況を考えれば、これは言いすぎであろう。「最も適当なものを」と書いてあるので、出題ミスとまではいえないが、ちょっと誤解を招くなあと思ったのであった。センター試験の問題は、実施日よりかなり前に印刷されるそうだから、おそらく出題者が、重力波による連星中性子星合体の発見のニュースを耳にする前に問題が確定してしまったのだろう。

後日、天文関係者にこの話をしてみると、意外な事実が判明した。何と、高校の地学の教科書に、〈超新星爆発によって、鉄より重い元素が作られた〉と書いてあるというのだ！　センター試験は、教科書の記述を絶対として作問されるという。となると、今回の件で苦言を呈するとすれば、出題者よりはむしろ教科書の執筆者ということになろう。

余談を重ねて恐縮だが、日本の天文学者の間で時に冗談で使われる業界用語がある。「宇宙が間違っている」というものだ。天文学において、理論的仮説を観測で検証するのは重要なプロセスである。往々にして、理論予想は外れる。理論予想に合わない観測データを出した研究者は、時に、理論予想を出した研究者から執拗に絡まれる。「私の理論と合わない！　観測データが間違っているのではないか？」と。むろん、そこで「お前の理論が間違っているのだ！」と言い返してもいいのだが、そこをあえて「う……ん、宇宙が間違っているんじゃないかな……」といなすのも乙《おつ》なものである。あるいはこのセンター試験の問題の出題者も、「教科書にはそう書いてあるのだから、宇宙が間違っている！」と思っているのかもしれない。

近くで起きる超新星は、地球生命に影響を与えるか？

さて本章後半では、太陽系の近くで起きた超新星の爆発によるエネルギーで、地球生命にどのような影響が考えられるのかを見ていこう。まずは手始めに、「間もなく爆発するのではないか？」とも騒がれている、赤色巨星ベテルギウスについて考えてみよう。第七章ですでに述べたとおり、科学的に考えれば、この星が超新星爆発を起こすまでの残り時間の期待値はざっと10万年もある（ただし、明日起きても不思議ではない）。別の言い方をすれば、ベテルギウスぐらい近い星（距離約６００光年）が超新星爆発を起こす確率は10万年に1度ということであり、かに星雲やティコ、ケプラーの超新星などの歴史上で記録された超新星に比べてもはるかに稀な現象だ。これら歴史上の超新星までの距離は、ベテルギウスの10倍以上である。ベテルギウスが爆発すれば、人類がその祖先である原人・旧人から「新人」にまで進化して以降、もっとも近い超新星となるだろう。ベテルギウスが典型的な重力崩壊型超新星の明るさだとすると、その最大の明るさは満月に匹敵するレベルにまで達するはずである。

だが、地球に与える影響という意味ではどうだろうか。最大でも満月ぐらいの明るさで数ヵ月、地球を照らしたところで大した影響はないであろう。ただし、もしベテルギウスの超新星爆発に伴って、ガンマ線バーストも発生したら話は別だ。ガンマ線バーストから放射されるガンマ線の全エネルギーは、超新星の可視光線のそれより100倍も大きく、さらにそれが鋭いジェットとして絞られて、特定の方向に放射される。たまたま、その方向にいた観測者は強烈なエネルギーを浴びることになる。最悪の場合、ベテルギウスのガンマ線バーストから地球が受け取るエネルギーは10の22乗ジュールとなる。第一章で俯瞰したエネルギースケールと比べれば、史上最大の水爆の約10万倍のエネルギーとなる。恐竜を絶滅させた隕石のエネルギーに比べれば約60分の1となるが、それでも地球に大きな影響が出ることは避けられないであろう。

しかし、ガンマ線バーストは超新星に比べてはるかに稀な現象だ。ジェットが出て、かつ、それがたまたま観測者の方向に向くようなケースは、ざっと1万の超新星のうち一つ程度であろう。そもそも、銀河系では長いガンマ線バーストは起きない可能性も高い。この種族のガンマ線バーストがよく起こるのは、銀河系に比べればずっと小さくて重元素の少ない銀河である。こうしたことを考えれば、ベテルギウスが超新星爆発と同時にガンマ線バーストまで起こす確率は、極めて小さいと結論できる。

では、普通に起こる超新星が地球に影響を与えるようなことはないのだろうか？　当然ながら、ベテルギウスよりさらに近くで起きれば、影響を与える可能性はある。ただ、そのようなことが起こる頻度もさらに低くなる。これまでの研究によれば、約30光年以内で超新星爆発が起きると、地球生命に深刻な影響が出るといわれている。ベテルギウスの20分の1の距離である。この場合、10の42乗ジュールという超新星からの放射のうち、地球に照射されるのはざっと10の20乗ジュールとなる。これは第一章の諸現象と比較すると、例えば東日本大震災のエネルギーの50倍となる。たしかに大きいが、地球の生命に深刻な打撃を与えるとまでいえるだろうか？

実は、この場合の超新星の影響として考えられているのは、超新星のエネルギーが直接、生命に害をなすということではない。むしろ、地球大気に重大な変化が生じることで、結果的に生命に深刻な影響が出ると考えられている。まず、超新星からの強力な紫外線やX線などの高エネルギー放射によって、大気中の窒素分子が分解され、2個の窒素原子となる。これが酸素と反応し、窒素酸化物（大気汚染で時折耳にするNO$_x$というものだ）となる。そしてオゾン層のオゾン分子がこれと反応して酸素分子となり、結果的に、オゾン層が消滅する。そうなるとよく知られているように、紫外線が直接地表に届くようになり、陸上生物は住めない環境となってしまう。実際にどの程度の影響が出るかは、まだ不確実なところが大きいが、陸上生物に甚大な被害が出る可能性は否定できないのである。

だが、このようなごく近傍の超新星爆発が起こる頻度はどれぐらいなのだろうか。銀河系における現在の超新星の頻度から見積もると、ざっと5億年に一度という数字が出てくる。これが面白いことに、ちょうど、地球の歴史で陸上生物が繁栄を始めてから現在に至るまでの時間と結構近いのである。生物が陸上に進出してから、人類にまで無事に進化してこられたのは、近くで超新星爆発が起こらなかったという幸運の賜物《たまもの》なのかもしれない。

偶然か、それとも必然か？　銀河系のハビタブルゾーン

先に述べたように、陸上生命に影響があるかもしれないほど太陽系に近い超新星が発生する時間間隔と、陸上生物が地球に出現してから現在までの時間はどちらもざっと5億年程度と、結構近い。これを見て、何か気にならないだろうか。前者のほうがずっと短いということはありえない。もしそうだとすれば、我々はすでに絶滅してここにいないか、そうでなくても、過去5億年の地球生命の歴史に深刻な痕跡を繰り返し残しているはずである。生命の歴史上、大量絶滅は何度かあるが、絶滅の状況から超新星やガンマ線バーストのために起きた可能性があると考えられ

るものはせいぜい一つ（オルドビス紀末の大量絶滅）である。

一方、前者のほうが長くても、別に困らない。危険な超新星は地球生命の歴史の中で確率的に起こらないことになるから、生命は安泰だ。二つの時間スケールが似たものになるべき必然的な理由は何もないから、むしろ、前者のほうがずっと長いほうが自然に思える。両者の値がこれだけ近いのは、奇妙ではないだろうか。何か偶然ではない、必然的な理由があるのではないか、と考えたくなる。

そして、そのような理由は実際に考えられる。銀河系の構造を考えてみよう。我々が住む太陽系は、銀河系の中心から2万8000光年の位置にあり、まずまず外側の辺境に位置しているといってよい。銀河系の中心に近づくほど、星の密集ぐあい、つまり密度は高くなる。太陽系より銀河系中心に近い領域は、太陽系周辺より星の密度が高く、また、含まれる星の総量も、太陽系の外側よりずっと多い。逆に太陽系より外側に向かうと、急激に星の密度が減少し、ほとんど星がない領域になる。

多くの星が密集した場所に生命が生まれた場合、その近くで超新星爆発が起こる確率は当然、高くなる。別な言い方をすれば、陸上生物に甚大な被害を及ぼすほどの超新星爆発が起こる頻度が高くなる。生物が陸上に進出して知的生命体に進化するまでにかかる時間（我々の場合は約5億年）のうちに、そのような超新星爆発が何度も起こるような場所では、知的生命体は出現し得ないことになる。

つまり、銀河系の中心近くで星が密集した領域ほど、知的生命体は誕生しづらくなる。一方で銀河系の外側に行くと、急激に星の数が少なくなる。ということは、知的生命体が誕生する場所は、それが許されるギリギリの星の密度である可能性が高いと期待される。この場合、致命的な超新星爆発が起こる時間間隔と、地球の陸上生物の歴史の長さがだいたい同じであることは、必然となるのである。この仮説が正しいことを証明することは難しい。だが、けっして無理のある考えではない。

ある恒星の周りには、「ハビタブルゾーン」と呼ばれる領域が存在する。生命を宿す惑星はこのゾーンになければならない、というものだ。惑星は、その主星である恒星に近づくほど温度が高くなる。我々が知る生命には液体の水が不可欠であり、水が液体で存在できるような温度の惑星の存在領域が、ハビタブルゾーンの定義である。実際に明確な境界を定めるのは簡単ではないが、太陽系の場合、内側の境界は金星と地球の間、外側の境界は地球と火星の間とされ、つまり太陽系では地球だけがこのゾーンに存在している。

この考えを銀河系全体に適用して、「銀河系ハビタブルゾーン」という概念が提唱されている。上に述べたように、銀河系の中心付近は超新星爆発やガンマ線バーストなどによる生命絶滅の可能性が高く、高度な生命体にとってはハビタブルゾーンではない可能性が高い。他にも、恒星と恒星の間の距離が近いと、隣の恒星の重力の影響で惑星の軌道が不安定になり、長期にわたって生命が安定して進化することが難しいという可能性なども考えられている。

超新星が生命に及ぼす影響と暗黒エネルギーの関係!?

では最後に、近くで起きた超新星爆発のために生命が危険にさらされることが、宇宙膨張を加速させるあの「暗黒エネルギー」の謎と関係しているかもしれない、という話題を紹介して本書を締めくくろう。

第三章で述べたとおり、暗黒エネルギーとは、本来は減速するべき宇宙の膨張をなぜか加速させている未知のメカニズムである。数学的には、宇宙膨張を記述するアインシュタイン方程式に、アインシュタイン自身が提唱した宇宙定数「Λ《ラムダ》」を加えて、適当な値に調整すれば観測データには合う。だが、問題はその値だ。宇宙定数は真空のエネルギー密度という物理的意味を持つが、素粒子物理学の観点からの自然な値に比べて、現在の観測値はざっと１００桁（１００「倍」ではない！）以上、小さいのである。しかも、値が完全にゼロというならまだしも、ごく小さな値ながらゼロではないところがさらに謎を深めている。そしてなぜか、ちょうど我々が住んでいる今の時代に、これまで減速を続けてきた宇宙膨張が加速に転じつつある。どうやったらこんな絶妙な調整ができるのか、まともに説明ができる理論は今のところ存在しない。

そこで苦し紛れとでもいおうか、いわば「禁じ手」ともいえる説明が提案されている。そして実際、今のところこれが唯一の「説明」といってもいいかもしれない。それが「人間原理」である。この言葉はいろいろな意味で使われて誤解も多いのだが、ここでの意味は、「我々が観測する宇宙は、我々のような観測者が生まれるような条件を満たすようにできている」といったものである。観測者が生まれなければ、「宇宙を観測する」という行為自体が不可能になるわけだから、これだけなら、実は当たり前のことをいっているにすぎない。

Λの物理的な素性はよくわからないが、宇宙が生まれたとき、この定数の値はランダムに決まるとしよう。まずはこれが前提である。これが必ず正しいといえる根拠はないが、とくに不自然な前提でもない。そして、Λの値が現在の宇宙の観測値よりずっと大きかったらどうなるか、考えてみよう。宇宙が誕生してしばらくは、Λの値に対応する真空のエネルギー密度より物質のエネルギー密度のほうが高く、宇宙定数の存在は無視できる。だが、物質の密度は膨張によって低下していく一方で、宇宙定数のエネルギー密度は一定なので、やがて両者が逆転する時がくる。それ以降は、Λの効果が現れて、宇宙は加速膨張を始める。

したがって、Λの値が大きければ、それだけ宇宙の歴史の早い段階で加速膨張に転じることになる。そして、加速膨張をしている宇宙には重要な特徴がある。銀河を生み出す力の源泉である、重力による構造形成が起こらないのだ。銀河が生まれるのは、重力によって物質が集まるためである。だが加速膨張している宇宙では、物質が集まる前に、加速的な宇宙膨張で物質が薄められてしまうのだ。以上の考察から、Λの値が我々の宇宙の観測値より大きければ、より早い時代に加速膨張が始まり、それだけ、銀河の形成が抑制されるということが結論される。

もし、宇宙に銀河が生まれなかったらどうなるか？　その中の星も、惑星も生まれないことになる。そう、もちろん我々のような知的生命体も存在し得ないであろう。宇宙がランダムなΛの値をもって生まれるとすると、その中で知的生命体が生まれ、宇宙定数の値を観測するとき、銀河の形成を抑制しない程度にΛが小さいのは当然、ということになる。

このシナリオの利点は、「宇宙定数がゼロでない」ということも自然に説明できることである。宇宙が生まれる時、Λが統計的にさまざまな値を取るとすれば、その値が完全にゼロとか、不必要にゼロに近い、というのは確率的にものすごく小さいことになる。結果として、銀河の形成が抑制されない程度に小さいが、それよりずっと小さくもない、ほどよい値のΛが観測されることになるのだ。

読者諸氏は、この説明を聞いてどのような印象を持たれたであろうか？　「禁じ手」と書いたとおり、人間原理による説明は、できればやりたくない、いわば最後の手段である。そんなものに頼らず、基礎物理法則だけから素直に説明したいと考えるのが物理学者である。研究者の中には、人間原理による説明などは自然科学とはいえない、と考える人もそれなりにいる。だが宇宙定数の問題は、この人間原理を用いるしかないかもしれない、そう考える研究者も多い。それだけ、この問題が難しいということである。

このような説を定量的に検証することは可能であろうか？　我々が観測するΛが平均的にどのぐらいの値になるか、その確率分布は、Λを変えたときにどれだけ生命（より正確には、我々のような知的生命体）が生まれやすいか、ということで決まることになる。宇宙に生命が生まれるための条件となると、まだまだよくわからないことが多いし、それだけで一冊の本が書けそうなテーマである。だが、一番確実な必要条件は、太陽のような恒星が銀河の中で誕生するということであろう。そこでまずはシンプルに、「生命の発生確率は、宇宙に生まれる恒星の数に比例する」としよう。となると、Λの確率分布は、「Λを変えたときの宇宙では、どのように銀河が形成され、そのなかでどれくらいの量の恒星が生まれるか？」という、銀河形成論の問題に帰着する。

そこで私の研究室では、最新の銀河形成理論モデルを用いて、Λの値を変えながら、どれだけの星が宇宙に生まれるかというシミュレーションを行ってみた。その結果は微妙ともいえるものであった。素粒子物理学的に期待されるΛの期待値は、観測値より何十桁も大きなものであり、そんなべらぼうに大きな値だと銀河はまったく形成されないので、我々がそのような大きな値を観測することはありえない。これは、元のアイデアのとおりである。だが、今の観測値がごく自然な値かというと、そうでもないのだ。例えばΛが観測値より100倍ぐらい大きな宇宙でも、そこそこ銀河は生まれ、その中の恒星に生命が誕生してもおかしくないのである。我々の計算によれば、Λの確率分布の平均値は観測値の10倍ほどになり、我々がこの宇宙で観測している小さな値が実現する確率は数パーセント程度になる。

これはなかなか微妙な数字である。我々が観測する宇宙はひとつしかないので、たまたま、数パーセント程度に珍しいΛの値をクジで引き当てた、という解釈も可能である。一方で、それなりに小さい確率なので、人間原理による宇宙定数問題の説明に文句なしのサポートとなるとも言いがたい。もしかしたら、まだ何か考え落としがあるのではないか？　銀河の中で恒星が生まれたら、あとは等確率で知的生命体が発生すると考えるのが単純すぎるというのは、十分にあり得ることである。Λが大きな宇宙では、生命は今の想定よりもっと生まれにくいのではないか？　そうすれば、Λの確率分布はさらに小さな値に偏り、我々の宇宙での観測値がより自然な値となりうる。

そこで、超新星が登場する。Λが我々の観測値より10倍とか100倍大きい宇宙のシミュレーションについてよく検討してみると、たしかに銀河や星はある程度生まれるが、我々の宇宙で見られる銀河とはだいぶ性質が異なるのだ。Λが大きいと、より早い段階、つまり宇宙の密度が高い状態で加速膨張に転じ、銀河形成が止まってしまう。それを反映して、そのような宇宙で生まれた銀河では、銀河内の恒星の密集度が著しく高くなるのである。我々が住む銀河系でも、早くから恒星の形成が進んだ銀河系中心部では、恒星の密集度が高かった。Λが大きな宇宙では、そのような場所でしか恒星が誕生し得ないのである。

そのためΛが大きな宇宙では、ある惑星に生命が誕生しても、致命的になるほどの近距離で超新星が発生する確率も当然高くなる。知的生命体にまで進化する確率は低くなり、ゆえに我々がそのような大きなΛの値を観測する確率も低くなる。この効果を考慮して我々のグループでまじめに計算したところ、たしかに、我々が観測しているΛの値が、確率論的に典型的な値となりうることが示された。今の銀河系で、我々の近傍で致命的な超新星が発生する時間間隔と、陸上生物が現れてから人類に進化する時間がほぼ等しかったことを思い出してほしい。Λが今の観測値より大きければ、太陽系があるような場所では恒星はもはや生まれないであろう。そしてより密集度が高い場所でしか恒星は生まれず、そのような場所では致命的な超新星のために知的生命体が生まれない、というわけである。

もちろん、これで小さなΛの原因が人間原理であることが証明されたわけではないが、このシナリオをさらに有望なものとする結果といえる。超新星は、遠方の銀河までの距離を決める道具として、人類が宇宙の加速膨張を発見する上で大きな役割を果たした天体である。その加速膨張は、「異常に小さなΛの値」という宇宙論上の難問を突きつけることになったのだが、その小さな値の背景には、やはりまた超新星が一役買っている、ということなのかもしれない。

あとがき

「爆発」をキーワードとして宇宙を俯瞰する、という切り口で企画された本書であるが、読者諸氏のご感想はいかがであろうか。新しい切り口ではあったと思うが、はたして成功したかどうか、そのご判断は皆さんにお任せすることとして、最後に本書を書き終えての感想めいたことを書いておくことにする。

本書冒頭でも触れた、「爆発」をテーマとした東大の公開講座のラインナップを見ても、爆発というものがさまざまな分野、さまざまなコンテクストで使われている、ごく一般的な概念であることがわかる。本書でも、前半では宇宙そのものの爆発、後半は星の一生の最期に起こる種々の爆発現象を主に見てきた。それを振り返って、「爆発」という概念のなかの普遍的な何かを抽出するとすれば、それは何だろうか。

私が今、それを一つ挙げるとすれば、それは進化という普遍的な現象における、もっとも華々しく重要な形態のひとつ、ということになるだろうか。太陽のように主系列段階で安定して輝いている星は、一見、進化とは無縁のようである。だがそれは、星間空間のガスから星が誕生し、燃え尽き、そして超新星爆発などを起こして地球や生命の材料となる重元素を生み出し、星間空間に返すという、数十億年にわたる銀河の悠久の進化の営みの、一つの側面にすぎない。時間とともに物事が進み、変化していくという「進化」において、爆発は重要なプレーヤーといえるであろう。それは時として周囲に破滅的な被害を及ぼすこともあるが、次の世代のタネとなり、あるいは次の世代の登場をトリガーとして、進化にダイナミズムを与える役割を果たす。進化のあるところには、必ず爆発がある。

そう考えてみると、宇宙がビッグバンという爆発で始まったというのも、宇宙そのものがまた進化するものであるという事実をもっとも明確に示すことであるように思える。思えば、人類が伝統的に持っていた宇宙観では、宇宙全体は静止して無限の過去から未来永劫に続くものであり、月より以遠の世界ではいささかの変化も起こらない、というものであった。超新星の観測も、宇宙膨張の観測も、それらを打ち破ってきたのである。

そして今や、我々が見渡すことのできる138億光年の世界は、138億年前に爆発で誕生し、今も進化し続けていることがわかってしまった。それは、「宇宙が生まれる前は何があったのか?」「我々が見渡す、この物質が詰まった4次元時空は、それを超える世界のなかにどう位置づけられるのか?」という、今の科学では答えられない究極の問いを我々に突きつけている。

人類がこれらを理解するまでには、まだ相当の時間がかかりそうである。

本書で記した宇宙におけるさまざまな爆発を俯瞰して、この「爆発」という言葉あるいは概念について、読者の皆さんが何か新しいものを摑まれたとすれば、望外の喜びである。

本書を書き上げるうえで、担当編集者の家中信幸、柴崎淑郎の両氏にはひとかたならぬお世話になり、また、常に温かい励ましをいただいた。ここに厚く御礼申し上げたい。

令和3年4月　桜もほぼ散ってしまった本郷キャンパスにて

戸谷友則

【ま行】

【や行】

【ら行】

【わ行】

【た行】

【な行】

【は行】

【さ行】

さくいん

【アルファベット・記号・数字】

【あ行】

【か行】

N.D.C.440　278p　18cm

ブルーバックス　B-2175

爆発《ばくはつ》する宇宙《うちゅう》
138億年の宇宙進化

2021年6月20日　第1刷発行

著者　戸谷友則《とたにとものり》

発行者　鈴木章一
発行所　株式会社講談社
〒112-8001 東京都文京区音羽2-12-21
電話　出版　03-5395-3524
販売　03-5395-4415
業務　03-5395-3615
印刷所　（本文印刷）凸版印刷株式会社
（カバー表紙印刷）信毎書籍印刷株式会社
製本所　株式会社国宝社

ISBN978－4－06－524084－7

発刊のことば

科学をあなたのポケットに

二十世紀最大の特色は、それが科学時代であるということです。科学は日に日に進歩を続け、止まるところを知りません。ひと昔前の夢物語もどんどん現実化しており、今やわれわれの生活のすべてが、科学によってゆり動かされているといっても過言ではないでしょう。

そのような背景を考えれば、学者や学生はもちろん、産業人も、セールスマンも、ジャーナリストも、家庭の主婦も、みんなが科学を知らなければ、時代の流れに逆らうことになるでしょう。

ブルーバックス発刊の意義と必然性はそこにあります。このシリーズは、読む人に科学的に物を考える習慣と、科学的に物を見る目を養っていただくことを最大の目標にしています。そのためには、単に原理や法則の解説に終始するのではなくて、政治や経済など、社会科学や人文科学にも関連させて、広い視野から問題を追究していきます。科学はむずかしいという先入観を改める表現と構成、それも類書にないブルーバックスの特色であると信じます。

一九六三年九月　　野間省一